全国机械职  5"工业机器人技术专业推荐教材

李培根　宋天虎　丁汉　陈晓明/**顾问**

工业机器人操作与编程
（第二版）

主　编　叶伯生

副主编　孙海亮　阎辰皓

参　编　石义淮　祝义松　宋艳丽

　　　　　龚东军　陈淑玲

主　审　熊清平　杨海滨

华中科技大学出版社

中国·武汉

内 容 简 介

本书在介绍工业机器人概念、组成、分类和坐标系等基础知识的基础上,以华数 HSR-6 工业机器人为主要对象,讲述了华数工业机器人的操作装置——HSpad 示教器的使用,以及如何使用 HSpad 示教器实现工业机器人的手动操作,进而以写字、搬运、码垛、视觉分拣和智能产线等现实的工业应用为案例,基于加工工艺和编程指令,详细阐述了从运动规划、示教前准备、示教编程到运动再现的机器人应用全过程。最后介绍如何利用 InteRobot 离线编程软件实现机器人的离线编程。

本书理论联系实际,内容丰富翔实,有较高的实用价值。

本书可作为两年制中等职业技术院校机电一体化等专业,以及各类成人教育学院、高职院校、技校相关专业的教材,也适合作为各类工业机器人编程与操作培训班的教材,还可作为从事工业机器人技术研究、开发的工程技术人员的参考书。

图书在版编目(CIP)数据

工业机器人操作与编程/叶伯生主编. —2 版. —武汉:华中科技大学出版社,2019.7(2021.8 重印)
全国机械职业教育教学指导委员会"十三五"工业机器人技术专业推荐教材
ISBN 978-7-5680-5365-5

Ⅰ.①工… Ⅱ.①叶… Ⅲ.①工业机器人-操作-高等职业教育-教材 ②工业机器人-程序设计-高等职业教育-教材 Ⅳ.①TP242.2

中国版本图书馆 CIP 数据核字(2019)第 126041 号

工业机器人操作与编程(第二版)   叶伯生 主编
Gongye Jiqiren Caozuo yu Bianchen

策划编辑:俞道凯
责任编辑:姚 幸
封面设计:周 强
责任监印:周治超
出版发行:华中科技大学出版社(中国·武汉)   电话:(027)81321913
　　　　　武汉市东湖新技术开发区华工科技园   邮编:430223
录　　排:武汉三月禾文化传播有限公司
印　　刷:武汉市籍缘印刷厂
开　　本:787mm×1092mm　1/16
印　　张:11.75
字　　数:295 千字
版　　次:2021 年 8 月第 2 版第 5 次印刷
定　　价:39.80 元

全国机械职业教育教学指导委员会"十三五"工业机器人技术专业推荐教材

编审委员会

（排名不分先后）

顾　问	李培根	宋天虎	丁　汉	陈晓明	
主　任	熊清平	郑丽梅	刘怀兰		
副主任	杨海滨	唐小琦	李望云	郝　俊	吴树会	滕少峰
	廖　健	李　庆	胡成龙	邢美峰	郝巧梅	阮仁全
	隋秀梅	刘　江	魏　杰	刘怀兰	黄楼林	杨建中
	叶伯生	周　理	孙海亮	肖　明	杨宝军	
秘书长	刘怀兰				

编写委员会

（排名不分先后）

总　编	熊清平				
副总编	杨海滨	滕少峰	王保军	叶伯生	邱　庆	孙海亮
	周　理	宁　柯				
委　员	滕少峰	叶伯生	禹　诚	王保军	吕　春	黄智科
	邱　庆	陈　焱	祝义松	伍田平	何娅娜	胡方坤
	冯贵新	赵红坤	赵　红	黄学彬	杨　林	聂文强
	吴建红	刘怀兰	张　帅	金　磊	阎辰皓	黄东侨
	张济明	左　湘				

指导委员会

（排名不分先后）

主任单位	全国机械职业教育教学指导委员会	
副主任单位	武汉华中数控股份有限公司	重庆华数机器人有限公司
	佛山华数机器人有限公司	深圳华数机器人有限公司
	武汉高德信息产业有限公司	华中科技大学
	武汉软件工程职业技术学院	包头职业技术学院
	鄂尔多斯职业学院	重庆市工业技师学院
	重庆市机械高级技工学校	辽宁建筑职业学院
	长春市机械工业学校	内蒙古机电职业技术学院
	华中科技大学出版社	电子工业出版社
秘书长单位	武汉高德信息产业有限公司	
成员单位	重庆华数机器人有限公司	佛山华数机器人有限公司
	深圳华数机器人有限公司	包头职业技术学院
	武汉软件工程职业学院	重庆市工业技师学院
	东莞理工学院	武汉第二轻工业学校
	鄂尔多斯职业学院	重庆工贸职业技术学院
	重庆市机械高级技工学校	河南森茂机械有限公司
	四川仪表工业学校	长春市机械工业学校
	长春职业技术学院	赤峰工业职业技术学院
	武汉华大新型电机科技股份有限公司	石家庄市职业教育技术中心
	内蒙古机电职业技术学院	成都工业职业技术学院
	辽宁建筑职业学院	佛山市华材职业技术学校
	广东轻工职业技术学院	佛山市南海区盐步职业技术学校
	武汉高德信息产业有限公司	许昌技术经济学校
	机械工业出版社	华中科技大学出版社
	武汉华中数控股份有限公司	华中科技大学

序

当前,以机器人为代表的智能制造,正逐渐成为全球新一轮生产技术革命浪潮中最澎湃的浪花,推动着各国经济发展的进程。随着工业互联网云计算、大数据、物联网等新一代信息技术的快速发展,社会智能化的发展趋势日益显现,机器人的服务也从工业制造领域,逐渐拓展到教育娱乐、医疗康复、安防救灾等诸多领域。机器人已成为智能社会不可或缺的人类助手。就国际形势来看,美国"再工业化"战略、德国"工业4.0"战略、欧洲"火花计划"、日本"机器人新战略"等,均将机器人产业作为发展重点,试图通过数字化、网络化、智能化夺回制造业优势。就国内发展而言,经济下行压力增大、环境约束日益趋紧、人口红利逐渐摊薄,产业迫切需要转型升级,形成增长新引擎,适应经济新常态。目前,中国政府提出"中国制造2025"战略规划,其中以机器人为代表的智能制造是难点也是挑战,是思路更是出路。

近年来,随着劳动力成本的上升和工厂自动化程度的提高,中国工业机器人市场正步入快速发展阶段。据统计,2015年上半年我国机器人销量达到5.6万台,增幅超过了50%,中国已经成为全球最大的工业机器人市场。据国际机器人联合会的统计显示,2014年在全球工业机器人大军中,中国企业的机器人使用数量约占四分之一。而预计到2017年,我国工业机器人数量将居全球之首。然而,机器人技术人才急缺,"数十万年薪难聘机器人技术人才"已经成为社会热点问题。因此,机器人产业发展,人才培养必须先行。

目前,我国职业院校较少开设机器人相关专业,缺乏相应的师资和配套的教材,也缺少工业机器人实训设施。这样的条件,很难培养出合格的机器人技术人才,也将严重制约机器人产业的发展。

综上所述,要实现我国机器人产业发展目标,在职业院校进行工业机器人技术人才及骨干师资培养示范院校建设,为机器人产业的发展提供人才资源支撑,就显得非常必要和紧迫。面对机器人产业强劲的发展势头,不论是从事工业机器人系统的操作、编程、运行与管理等工作的高技能应用型人才,还是从事一线教学的广大教育工作者都迫切需要实用性强、通俗易懂的机器人专业教材。编写和出版职业院校的机器人专业教材迫在眉睫,意义重大。

在这样的背景下,武汉华中数控股份有限公司与华中科技大学国家数控系统工程技术研究中心、武汉高德信息产业有限公司、华中科技大学出版社、电子工业出版社、武汉软件工程职业学院、包头职业技术学院、鄂尔多斯职业学院等单位,产、学、研、用相结合,组建"工业机器人产教联盟",组织企业调研,并开展研讨会,编写了系列教材。

本系列教材具有以下鲜明的特点。

前瞻性强。作为一个服务于经济社会发展的新专业,本套教材含有工业机器人高职人才培养方案、高职工业机器人专业建设标准、课程建设标准、工业机器人拆装与调试等内容,覆盖面广,前瞻性强,是针对机器人专业职业教学的一次有效、有益的大胆尝试。

系统性强。本系列教材基于自动化、机电一体化等专业开设的工业机器人相关课程需要编写;针对数控实习进行改革创新,引入工业机器人实训项目;根据企业应用需求,编写相关教材,组织师资培训,构建工业机器人教学信息化平台等:为课程体系建设提供了必要的系统性支撑。

实用性强。依托本系列教材,可以开设如下课程:机器人操作、机器人编程、机器人维护维修、机器人离线编程系统、机器人应用等。本系列教材凸显理论与实践一体化的教学理念,把导、学、教、做、评等环节有机地结合在一起,以"弱化理论、强化实操,实用、够用"为目的,加强对学生实操能力的培养,让学生在"做中学,学中做",贴合当前职业教育改革与发展的精神和要求。

参与本系列教材建设的包括行业企业带头人和一线教学、科研人员,他们有着丰富的机器人教学和实践经验。经过反复研讨、修订和论证,完成了编写工作。在这里也希望同行专家和读者对本系列教材不吝赐教,给予批评指正。我坚信,在众多有识之士的努力下,本系列教材的功效一定会得以彰显,前人对机器人的探索精神,将在新的时代得到传承和发扬。

"长江学者奖励计划"特聘教授
华中科技大学教授、博导

2015 年 7 月

前　　言

随着中国经济的持续快速发展,人民生活水平不断提高,劳动力供应格局已经逐步从"买方"市场转为"卖方"市场、由供过于求转向供不应求。为了解决这些矛盾,工业机器人得到了越来越广泛的应用。然而,能熟练掌握工业机器人编程、操作的复合型应用技术人才却大量短缺。为贯彻《国务院关于大力推进职业教育改革与发展的决定》,我们在华中科技大学出版社的组织下编写了本教材。

本书在内容取材方面紧密结合中等职业教育的教学实际情况,坚持高技能人才的培养方向,重实践,轻理论,强调教材的实用性;另一方面,力争突出本书的时代感,能反映我国工业机器人领域的研究现状和最新成果,为此,本教材以国内中等职业院校使用比较普遍的华中 HSR-6 工业机器人为蓝本,以 1 个介绍性项目、5 个具体应用项目和 1 个离线编程项目为载体,主要介绍其编程与操作。全书力求文字叙述深入浅出,内容编排循序渐进。

全书共分 7 个项目。项目一概要地介绍了工业机器人的基础知识与基本操作,包括工业机器人概念、组成和分类,HSR-6 工业机器人的坐标系,HSR-6 工业机器人的操作装置——HSpad 示教器,并对 HSR-6 工业机器人的手动操作进行了讲解;项目二至项目六创建了 5 个工业机器人应用中的典型案例,包括机器人写字、搬运、码垛、视觉分拣和智能产线,详细讲述了这些案例所用的编程指令、示教编程与再现过程中使用示教器的操作界面、操作机器人的步骤和方法,让读者通过工业机器人典型应用的学习,掌握工业机器人操作与编程的方法与技巧;项目七讲述了 InteRobot 离线编程软件各功能模块及使用方法,使读者能熟练使用离线编程软件各功能模块完成机器人的离线编程。

本书项目一由叶伯生编写,项目二由宋艳丽、叶伯生编写,项目三、四由阎辰皓、龚东军编写,项目五由祝义松、陈淑玲编写,项目六、七由孙海亮、石义淮编写,全书由叶伯生统稿和定稿。本书凝结着佛山华数机器人有限公司和重庆华数机器人有限公司各位同仁的辛勤劳动,在此表示衷心的感谢。本书配套有武汉高德信息产业有限公司提供的二维码微课,支持移动扫码学习,同时登录智能制造立方学院(http://www.accim.com.cn),可以学习配套网络课程。在本书编写过程中,还参阅了国内外有关数控技术方面的教材、资料和文献,在此谨致谢意。由于编者水平有限,书中缺点和错误在所难免,殷切希望广大读者提出宝贵的意见以便进一步修改。

编　者

2019 年 6 月

目　　录

项目一　工业机器人基础知识与基本操作

项目描述

工业机器人是集机械、电子、控制、计算机、传感器、人工智能等多学科先进技术于一体的现代制造业重要的自动化装备。自 1962 年美国研制出世界上第一台工业机器人以来，机器人技术及其产品发展很快，已成为柔性制造系统（FMS）、自动化工厂（FA）、计算机集成制造系统（CIMS）的自动化工具。

工业机器人可以承接生产线精密零件的组装任务，更可替代人工在喷涂、焊接、装配等不良工作环境中工作，对保障人身安全，改善劳动环境，减轻劳动强度，提高产品品质和劳动生产率，节约原材料消耗及降低生产成本有着十分重要的意义。

本项目通过对工业机器人基础知识与操作的学习，使学生能对机器人的基本组成、操作规范与安全、示教器的基本操作进行系统地了解和认识，达到能对机器人进行坐标系设定、简单手动操作的能力，为下一步编程操作工业机器人做好技术准备。

项目目标

● 能使用示教器在关节坐标系下安全操作工业机器人。
● 能使用示教器设置工具坐标系与基坐标系。

知识目标

● 掌握工业机器人的组成。
● 理解工业机器人世界坐标系、基坐标系与工具坐标系的意义。
● 熟悉示教器的操作界面及基本功能。

能力目标

● 能安全启动工业机器人。
● 能遵守安全操作规程操作工业机器人。
● 能完成单轴移动的手动操作。
● 通过学习，学会收集、分析、整理参考资料的技能。

任务一　工业机器人的基础知识

任务描述

在对工业机器人进行编程、操作之前，需要了解工业机器人的基本概念、分类、组成与基本工作原理，并掌握工业机器人控制系统对机器人关节正方向、坐标系的定义，了解工业机器人位姿表示等相关知识。

知识准备

一、工业机器人概念

机器人(Robot)一词源于捷克作家卡雷尔·卡佩克在 1920 年发表的科幻剧本《罗萨姆的万能机器人》。在该剧中,卡佩克把捷克语"Robota"写成了"Robot"。"Robota"是奴隶的意思,被当成了机器人一词的起源,一直沿用至今。

卡佩克提出的是机器人的安全、感知和自我繁殖问题。虽然科幻世界只是一种想象,但随着科学技术的进步,很可能引发人类不希望出现的问题。

为了防止机器人伤害人类,科幻作家阿西莫夫(Isaac Asimov)于 1940 年提出了以下"机器人三原则":

(1) 机器人不应伤害人类;

(2) 机器人应遵守人类的命令,与第(1)条违背的命令除外;

(3) 机器人应能保护自己,与第(1)条相抵触者除外。

这是给机器人赋予的伦理性纲领。机器人学术界一直将这"三原则"作为机器人开发的准则。

1967 年,在日本召开的第一届机器人学术会议上,就提出了两个有代表性的定义。一是森政弘与合田周平提出的机器人是一种具有移动性、个体性、智能性、通用性、半机械半人性、自动性、奴隶性等 7 个特征的柔性机器。从这一定义出发,森政弘又提出了用自动性、智能性、个体性、半机械半人性、作业性、通用性、信息性、柔性、有限性、移动性等 10 个特性来表示机器人的形象。另一个是加藤一郎提出的具有如下 3 个条件的机器称为机器人:具有脑、手、脚等三要素的个体;具有非接触传感器(用眼、耳接受远方信息)和接触传感器;具有平衡觉和固有觉的传感器。

目前国际上对机器人的概念已经逐渐趋近一致。一般来说,人们都可以接受这种说法,即机器人是靠自身动力和控制能力来实现各种功能的一种机器装置。它既可以接受人类指挥,又可以运行预先编排的程序,也可以根据以人工智能技术制定的原则纲领行动。它的任务是协助或取代人类的工作,例如生产业、建筑业,或是危险的工作。美国机器人协会(RIA)对机器人的定义:"为了完成不同的作业,根据可用计算机改变和可编程的运动来实现材料、零部件、工具和特殊装置的移动并可重新编程的多功能操作机。"日本产业机器人协会(JIRA)的定义:"在三维空间具有类似人体上肢动作机能及其结构,并能完成复杂空间动作的多自由度的自动机械。""根据感觉机能或认识机能,能够自行决定行动的机器(智能机器人)。"国际标准化组织对机器人的定义:"工业机器人是一种具有自动控制的操作和移动功能,能完成各种作业的可编程操作机。"中国科学家对机器人的定义:"机器人是一种自动化的机器,所不同的是这种机器具备一些与人或生物相似的智能能力,如感知能力、规划能力、动作能力和协同能力,是一种具有高度灵活性的自动化机器。"

中国的机器人专家从应用环境出发,将机器人分为两大类,即工业机器人和特种机器人。所谓工业机器人就是面向工业领域的多关节机械手或多自由度机器人。而特种机器人则是除工业机器人之外的、用于非制造业并服务于人类的各种先进机器人,包括服务机器人、水下机器人、娱乐机器人、军用机器人、农业机器人、机器人化机器等。在特种机器人中,有些分支发展很快,有独立成体系的趋势。国际上的机器人学者,从应用环境出发也将机器人分为两类:制造环境下的工业机器人和非制造环境下的服务与仿人型机器人,这和中国的分类是一致的。

综上所述,工业机器人是面向工业领域的多关节机械手或多自由度的机器人。工业机器人是自动执行工作的机器装置,是靠自身动力和控制能力来实现各种功能的一种机器,它可以接受人类指挥,也可以按照预先编排的程序运行。现代的工业机器人还可以根据人工智能技术制定的原则纲领行动。

二、工业机器人的发展概况

工业机器人的问世,大约是在20世纪50年代末;微处理器的诞生,大约是在20世纪70年代。正是由于微处理器的出现,以及各种LSI、VLSI的飞跃发展,才使得工业机器人控制系统的技能得到大幅度提高,从而使数百种不同结构、不同控制方法、不同用途的工业机器人终于在80年代,真正进入了实用与普及的阶段,并发挥了令人难以置信的巨大威力与经济效益。

1959年,美国发明家约瑟夫·英格伯格与德沃尔联手制造出第一台工业机器人——Unimate,随后成立了世界上第一家机器人制造工厂——Unimation公司。由于英格伯格对工业机器人的研发和宣传,他也被称为"工业机器人之父"。Unimate机器人也被称为可编程移机,因为一开始它们的主要用途是将对象从一个点传递到另一个,不到10 ft左右分开。它们采用液压执行机构,并编入关节坐标,即在一个教学阶段进行存储和回放操作中的各关节的角度,精确到1 in的1/10000。这是第一代示教再现型机器人的雏形(通过引导或其他方式,先教会机器人动作,输入工作程序,机器人则自动重复进行作业)。

1962年,美国AMF公司生产出"VERSTRAN"(意思是万能搬运),与Unimation公司生产的Unimate机器人一样成为真正商业化的工业机器人,并出口到世界各国,掀起了全世界对机器人应用和机器人研究的热潮。

1962—1963年,传感器的应用提高了机器人的可操作性。人们试着在机器人上安装各种各样的传感器,包括恩斯特在1961年采用的触觉传感器;1962年,托莫维奇和博尼在世界上最早的"灵巧手"上用到了压力传感器;而麦卡锡在1963年则开始在机器人中加入视觉传感系统,并在1964年,帮助MIT推出了世界上第一个带有视觉传感器,能识别并定位积木的感知型机器人(利用传感器获取的信息控制机器人的动作),拉了第二代机器人研发的序幕。

1965年,约翰·霍普金斯大学应用物理实验室研制出Beast机器人。Beast已经能通过声呐系统、光电管等装置,根据环境校正自己的位置。20世纪60年代中期开始,美国麻省理工学院、斯坦福大学及英国爱丁堡大学等陆续成立了机器人实验室。美国兴起研究第二代感知型机器人(带传感器、"有感觉"的机器人)的热潮,并向人工智能进发。

1968年,美国斯坦福研究所公布他们研发成功的机器人Shakey。它带有视觉传感器,能根据人的指令发现并抓取积木,不过控制它的计算机有一个房间那么大。Shakey可以算是世界第一台智能机器人(以人工智能决定其行动的机器人),拉开了第三代机器人研发的序幕。

1969年,日本早稻田大学加藤一郎实验室研发出第一台以双脚走路的机器人。加藤一郎长期致力于研究仿人机器人,被誉为"仿人机器人之父"。日本专家一向以研发仿人机器人和娱乐机器人的技术见长,后来更进一步,催生出本田公司的ASIMO和索尼公司的QRIO。

1973年,机器人和小型计算机第一次携手合作,诞生了美国Cincinnati Milacron公司的机器人 T3。

1978 年,美国 Unimation 公司推出通用工业机器人 PUMA,这标志着工业机器人技术已经完全成熟。PUMA 至今仍然工作在工厂第一线。

工业机器人在欧洲和日本的应用也相当快。ABB(原 ASEA)在 1973 年推出世界上首位市售全电动微型处理器控制的机器人 IRB 6(前两个 IRB 6 机器人出售给马格努森,在瑞典进行研磨和抛光管弯曲);同样是在 1973 年,库卡机器人建立了自己的第一个 6 关节机器人,被称为 FAMULUS;1974 年,日本 FANUC 公司生产出了首台 FANUC 机器人,1976 年投放市场。ABB 机器人、库卡机器人、FANUC 机器人至今仍然是工厂第一线的主力机器人。

综上,目前工业机器人的发展经历了以下三个阶段。

第一代工业机器人是指 T/P(teaching/playback)方式,即示教/再现方式。这种机器人可以接受示教而完成各种简单的重复动作。示教过程中,机械手可依次通过工作任务的各个位置,这些位置序列全部记录在存储器内,任务的执行过程中,机器人的各个关节在伺服驱动下依次再现上述位置,故这种机器人的主要技术功能被称示教再现。

第二代工业机器人是具有一些简单智能、可行走的、能对周围环境做出反应的感知型机器人。这种机器人配有相应的传感器,对外界环境有一定的感知能力,能利用传感器获取的信息控制机器人的动作,在机械、电子等生产领域得到了广泛的应用。

第三代机器人称为智能机器人。这种机器人不仅具有视觉、触觉等,而且还具有像人一样的逻辑思维、逻辑判断等机能,能推理、决策、自我规划、自我学习、有自立性。

当今工业机器人正逐渐向着具有行走能力、具有多种感知能力、具有较强的对作业环境的自适应能力的方向发展。目前,对全球机器人技术的发展最有影响的国家是美国和日本。美国在工业机器人技术的综合研究水平上仍处于领先地位,而日本生产的工业机器人在数量、种类方面则居世界首位。

三、工业机器人的主要特点

工业机器人最显著的特点有以下几个。

(1)可编程 生产自动化的进一步发展是柔性化。工业机器人可随其工作环境变化的需要而再编程,因此它在小批量、多品种的均衡高效率的柔性制造过程中能发挥很好的功用,是柔性制造系统中的一个重要组成部分。

(2)拟人化 工业机器人在机械结构上有类似人的行走、腰转及大臂、小臂、手腕、手爪等部分,在控制上有计算机。此外,智能化工业机器人还有许多类似人类的"生物传感器",如皮肤型接触传感器、力传感器、负载传感器、视觉传感器、声觉传感器等。这些传感器提高了工业机器人对周围环境的自适应能力。

(3)通用性 除了专门设计的工业机器人外,一般工业机器人在执行不同的作业任务时具有较好的通用性。比如,更换工业机器人手部末端操作器(手爪、工具等)便可执行不同的作业任务。

(4)工业机器技术涉及的学科相当广泛,归纳起来是机械学和微电子学的结合——机电一体化技术。第三代智能机器人不仅具有获取外部环境信息的各种传感器,而且还具有记忆能力、语言理解能力、图像识别能力、推理判断能力等人工智能,这些都是微电子技术的应用,特别是与计算机技术的应用密切相关。因此,机器人技术的发展必将带动其他技术的发展,机器人技术的发展和应用水平也可以验证一个国家科学技术和工业技术的发展水平。

任务实施

一、工业机器人的分类

按照不同的分类标准，工业机器人有以下不同的分类方法。

1.按用途分类

工业机器人作为完成任务的机器，按用途包括以下几种。

（1）搬运、上料机器人　搬运、上料机器人可广泛应用于机械、电子、纺织、卷烟、医疗、食品、造纸等行业的柔性搬运、传输等功能；也用于自动化立体仓库、柔性加工系统、柔性装配系统（以 AGV 为活动装配平台）；同时可在车站、机场、邮局的物品分拣中作为运输工具。

（2）喷釉机器人　喷釉是陶瓷生产中的一个重要环节。采用人工作业的方式进行施釉，产品质量难以保证，而且工人劳动强度大，对身体健康有损害。喷釉是陶瓷生产中较易实现自动化的环节，近年来，意大利、德国、日本等国相继使用机器人在施釉线上进行喷釉。

喷釉机器人一般由机器人本体、喷枪和喷涂转台组成。转台与机器人配合的好坏直接决定了最终的釉面质量。

（3）焊接机器人　焊接机器人具有性能稳定、工作空间大、运动速度快和负荷能力强等特点，如图 1-1 所示。采用焊接机器作业，焊接质量明显优于人工焊接，大大提高了点焊作业的生产率。

焊接机器人可细分为点焊机器人和弧焊机器人两类。

① 点焊机器人　点焊机器人主要用于汽车整车的焊接工作，一般与整车生产线配套使用。随着汽车工业的发展，焊接生产线要求焊钳一体

图 1-1　焊接机器人

化，重量越来越大，165 kg 点焊机器人是当前汽车焊接中最常用的一种机器人。

② 弧焊机器人　弧焊机器人主要应用于各类汽车零部件的焊接生产。

弧焊机器人的关键是协调控制多机器人及变位机的协调运动，既能保持焊枪和工件的相对姿态以满足焊接工艺的要求，又能避免焊枪和工件的碰撞。此外，弧焊机器人常采用激光传感器实现焊接过程中的焊缝跟踪，提升焊接机器人对复杂工件进行焊接的柔性和适应性，结合视觉传感器的离线观察，获得焊缝跟踪的残余偏差，基于偏差统计获得补偿数据，并进行机器人运动轨迹的修正，在各种工况下都能获得最佳的焊接质量。

（4）激光加工机器人　激光加工机器人是将机器人技术应用于激光加工中，通过高精度工业机器人实现更加柔性的激光加工作业。通过对加工工件的自动检测，产生加工件的模型，继而生成加工曲线，也可以利用 CAD 数据直接加工。激光加工机器人可用于工件的激光表面处理、打孔、焊接和模具修复等。

（5）装配机器人　装配机器人是柔性自动化装配系统的核心设备，末端执行器为适应不同的装配对象而设计成各种手爪和手腕等；传感系统用来获取装配机器人与环境和装配对象之间相互作用的信息。常用的装配机器人主要有通用装配操作手（programmable universal manipula-tor for assembly）即 PUMA 机器人（最早出现于 1978 年，工业机器人的始祖）和平面双关节型机器人（selective compliance assembly robot arm）即 SCARA 机器人两

种类型。与一般工业机器人相比,装配机器人具有精度高、柔顺性好、工作范围小、能与其他系统配套使用等特点,主要用于各种电器的制造。

(6) 最后工序机器人,完成打毛刺、分类、检验、包装等工作。

当前,工业机器人的应用领域主要有弧焊、点焊、装配、搬运、喷漆、检测、码垛、研磨抛光和激光加工等复杂作业。各领域应用比例如图 1-2 所示。

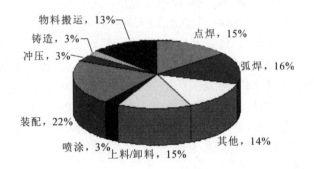

图 1-2 工业机器人各领域的应用比例

2.按动作形态分类

工业机器人按臂部的运动形式分为四种。如表 1-1 和图 1-3 所示。

表 1-1 按动作形态分类

参考图	类别
图 1-3(a)	直角坐标型机器人(careeian coordinates robot)
图 1-3(b)	圆筒坐标型机器人(cyliadrical coordinates robot)
图 1-3(c)	极坐标型机器人(polar coordinates robot)
图 1-3(d)	多关节型机器人(articulated robot)

直角坐标型机器人的臂部可沿三个直角坐标移动;圆柱坐标型机器人的臂部可做升降、回转和伸缩动作;极坐标型机器人的臂部能回转、俯仰和伸缩;多关节型机器人的臂部有多个转动关节。

3.按程序输入方式分类

工业机器人按程序输入方式有编程输入型、示教输入型和智能型三类。

编程输入型是将计算机上已编好的作业程序文件,通过 RS-232 串口或以太网等通信方式传送到机器人控制柜。

示教输入型的示教方法有两种:一种是由操作者用手动控制器(示教操纵盒),将指令信号传给驱动系统,使执行机构按要求的动作顺序和运动轨迹操演一遍;另一种是由操作者直接驱动执行机构,按要求的动作顺序和运动轨迹操演一遍。在示教过程的同时,工作程序的信息自动存入程序存储器中,在机器人自动工作时,控制系统从程序存储器中检出相应信息,将指令信号传给驱动机构,使执行机构再现示教的各种动作。示教输入程序的工业机器人称为示教再现型工业机器人。

具有触觉、力觉或简单视觉的工业机器人,能在较为复杂的环境下工作,如具有识别功

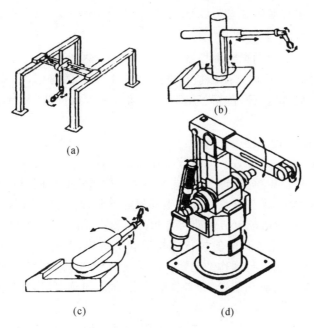

图 1-3　不同动作形态的工业机器人

能或更进一步增加自适应、自学习功能,称为智能型工业机器人。它能按照人给的"宏指令"自选或自编程序去适应环境,并自动完成更为复杂的工作。

4. 按控制功能分类

按执行机构运动的控制机能,工业机器人又可分点位型和连续轨迹型。

点位型机器人只控制执行机构由一点到另一点的准确定位,适用于机床上下料、点焊和一般搬运、装卸等作业;连续轨迹型机器人可控制执行机构按给定轨迹运动,适用于连续焊接和涂装等作业。

5. 按自由度分类

自由度表达机器人所具有的可回转关节数,是表达机器人通用性、灵活性的重要指标。目前,一般商业化的工业机器人自由度大都在 3~7 之间。

6. 按负载能力与空间动作领域分类

按负载能力与空间动作领域,工业机器人可分为五种,如表 1-2 所示。

表 1-2　按负载能力与空间动作领域分类

类型	负载能力与空间动作领域
超大型机器人	1000 kg 以上
大型机器人	100~1000 kg,动作领域 10 m² 以上
中型机器人	10~100 kg,动作领域 1~10 m²
小型机器人	0.1~10 kg,动作领域 0.1~1 m²
超小型机器人	0.1 kg 以下,动作领域 0.1 m² 以下

二、工业机器人的一般组成与工作原理

1. 工业机器人的一般组成

工业机器人由本体、驱动系统和控制系统三个基本部分组成。

(1) 机器人本体　本体即基座和执行机构，出于拟人化的考虑，常将机器人本体的有关部位分别称为基座、腰部、臂部、腕部、手部（夹持器或末端执行器）和行走部（针对移动机器人）等。

机器人一般采用空间开链连杆机构，其中的运动副（转动副或移动副）常称为关节，关节个数通常即为机器人的自由度数。大多数工业机器人有 3～6 个运动自由度，其中腕部通常有 1～3 个运动自由度。根据关节配置形式和运动坐标形式的不同，机器人执行机构可分为直角坐标型、圆柱坐标型、极坐标型和关节坐标型等类型，如图 1-3 所示。

(2) 驱动系统　驱动系统包括驱动装置和检测装置，用以使执行机构产生相应的动作。

① 驱动装置　驱动装置是驱使执行机构运动的机构，按照控制系统发出的指令信号，借助于动力元件使机器人进行动作。它输入的是电信号，输出的是线、角位移量。机器人使用的驱动装置主要是电力驱动装置，如步进电动机、伺服电动机等，此外也有采用液压、气动等驱动装置。

② 检测装置　检测装置用于实时检测机器人的运动及工作情况，根据需要反馈给控制系统，与设定信息进行比较后，对执行机构进行调整，以保证机器人的动作符合预定的要求。

作为检测装置的传感器大致可以分为两类：一类是内部信息传感器，用于检测机器人各部分的内部状况，如各关节的位置、速度、加速度等，并将所测得的信息作为反馈信号送至控制器，形成闭环控制；一类是外部信息传感器，用于获取有关机器人的作业对象及外界环境等方面的信息，以使机器人的动作能适应外界情况的变化，使之达到更高层次的自动化，甚至使机器人具有某种"感觉"，向智能化发展，例如视觉、声觉等外部传感器给出工作对象、工作环境的有关信息，利用这些信息构成一个大的反馈回路，从而将大大提高机器人的工作精度。

(3) 控制系统　机器人控制系统是机器人的大脑，是决定机器人功能和性能的主要因素。它的主要任务就是按照输入的程序对驱动系统和执行机构发出指令信号，控制工业机器人在工作空间中的运动位置、姿态和轨迹、操作顺序及动作的时间等，以完成特定的工作任务，其基本功能如下。

● 记忆功能　存储作业顺序、运动路径、运动方式、运动速度和与生产工艺有关的信息。

● 示教功能　离线编程，在线示教，间接示教。在线示教包括示教盒和导引示教两种。

● 与外围设备联系功能　输入和输出接口、通信接口、网络接口、同步接口。

● 坐标设置功能　有关节、绝对、工具、用户自定义四种坐标系。

● 人机接口　示教盒、操作面板、显示屏。

● 传感器接口　位置检测、视觉、触觉、力觉等。

● 位置伺服功能　机器人多轴联动、运动控制、速度和加速度控制、动态补偿等。

● 故障诊断、安全保护功能　运行时，系统状态监视、故障状态下的安全保护和故障自诊断。

工业机器人控制系统一般由控制计算机、示教盒和相应的输入/输出接口组成，如图 1-4 所示。

① 控制计算机　为控制系统的调度指挥机构，一般为微型机，其 CPU 有 32 位、64 位

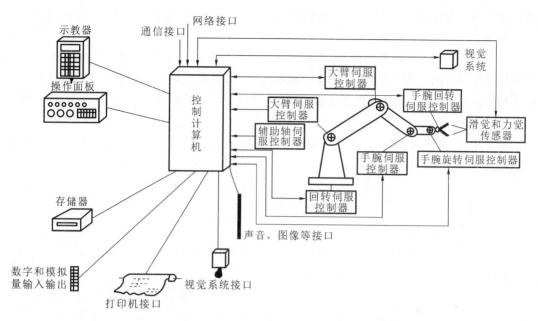

图 1-4 工业机器人控制系统的一般组成

等,如奔腾系列 CPU 及其他类型 CPU。

② 示教器 示教器用于示教机器人的工作轨迹和参数设定,以及所有人机交互操作,拥有自己独立的 CPU 及存储单元,与控制计算机之间以串行通信或网络通信方式实现信息交互。

③ 操作面板 由各种操作按钮、状态指示灯构成,只完成基本功能操作。

④ 硬盘、软盘和 U 盘 存储机器人工作程序的外围存储器。

⑤ 数字和模拟量输入/输出 各种状态和控制命令的输入/输出。

⑥ 传感器 用于信息的自动检测,实现机器人柔顺控制,一般为力觉、触觉和视觉传感器。

⑦ 轴控制接口 完成机器人各关节位置、速度和加速度控制。

⑧ 辅助设备控制 用于和机器人配合的辅助设备控制,如手爪变位器等。

⑨ 通信/网络接口 实现机器人和其他设备的信息交换,一般有串行接口、并行接口、网络接口等。

2.工业机器人的工作原理

机器人的机械臂是由数个旋转或移动的关节串联刚性杆体而成,是一个开环关节链,开链的一端固接在基座上,另一端是自由的,安装着末端执行器(如焊枪)。在机器人操作时,机器人手臂前端的末端执行器必须与被加工工件处于相适应的位置和姿态,而这些位置和姿态是由若干个臂关节的运动所合成的。因此,机器人运动控制中,必须要知道机械臂各关节变量空间和末端操作器的位置和姿态之间的关系,这就是机器人运动学模型。一台机器人机械臂几何结构确定后,其运动学模型即可确定,这是机器人运动控制的基础。

机器人手臂运动学中有以下两个基本问题。

① 对给定机械臂,已知各关节角矢量,求末端执行器相对于参考坐标系的位置和姿态,这称为运动学正问题。在机器人示教过程中,机器人控制器即逐点进行运动学正问题运算。

② 对给定机械臂,已知末端操作器在参考坐标系中的期望位置和姿态,求各关节矢量,

这称为运动学逆问题。在机器人再现过程中,机器人控制器即逐点进行运动学逆问题运算,将角矢量分解到机械臂各关节。

运动学正问题的运算都采用 D-H 法,这种方法采用 4×4 齐次变换矩阵来描述两个相邻刚体杆件的空间关系,把正问题简化为寻求等价的 4×4 齐次变换矩阵。逆问题的运算可用几种方法求解,最常用的是矩阵代数、迭代或几何方法。在此不作具体介绍,可参考相关文献。

对于高速、高精度机器人,还必须建立动力学模型,由于目前通用的工业机器人(包括焊接机器人)最大的运动速度都在 3 m/s 内,精度都不高于 0.1 mm,所以都只做简单的动力学控制。

三、HSR-6 工业机器人的组成及其坐标轴与坐标系

1. HSR-6 工业机器人的结构及坐标轴

HSR-6 为华数六轴关节机器人的系列型号,根据其承载能力有多种规格,如 5 kg、8 kg、15 kg 等。HSR-605 表示承载能力为 5 kg。

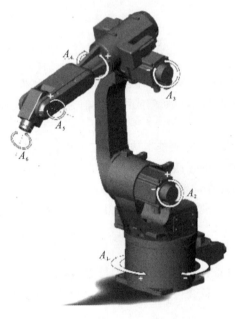

HSR-6 工业机器人与目前各大工业机器人厂商提供的六轴机器人结构从外观上看大同小异,从本质上来说,其结构都是一致的,如图 1-5 所示。即第 1 关节旋转轴 A_1(基座旋转轴)、第 4 关节旋转轴 A_4、第 6 关节旋转轴 A_6(手腕端部法兰安装盘的旋转中心)在同一个平面内;第 2 关节旋转轴 A_2、第 3 关节旋转轴 A_3 及第 5 关节旋转轴 A_5 互相平行,而且与前面提到的平面垂直;另外,还需要保证第 4 关节旋转轴线、第 5 关节旋转轴线及第 6 关节旋转轴线相交于一点。

采用这种结构的工业机器人可使其运动学算法最为简单可靠。即 A_1、A_2、A_3 为定位关节,机器人手腕的位置主要由这三个关节决定;A_4、A_5、A_6 为定向关节,主要用于改变手腕姿态。

设计的机器人要保证高的定位精度,就必须尽可能满足上述条件,通过机械加工及装配精度来保证机器人运行精度最终控制在一定范围内。

图 1-5　HSR-6 工业机器人结构及其轴方向

如果机器人的结构与此差别较大,机器人的运动学算法就不能或很难用 D-H 算法求出逆向运动学的封闭解,得另辟蹊径,也许可以写出新的算法,但算法可能会较 D-H 算法复杂,运行效率不高,难以满足实际生产应用的需求。

HSR-6 工业机器人的驱动系统采用伺服电动驱动方式(交流电动机),一个关节(轴)采用一个驱动器。通过位置传感器、速度传感器等传感装置来实现位置、速度和加速度的闭环控制,不仅能提供足够的功率来驱动各个轴,而且能实现快速而频繁的启停,实现精确定位和运动。

HSR-6 工业机器人的传动结构:臂部采用 RV 减速器,腕部采用谐波减速器。

2. HSR-6 工业机器人的控制系统

HSR-6 工业机器人采用华中数控研制的工业机器人控制系统。该系统由华数机器人控

制器与华数 HSpad 示教器,以及运行在这两种设备上的软件所组成。

华数 HSpad 示教器是用于华数工业机器人的手持编程器,具有使用华数工业机器人所需的各种操作和显示功能。本书中,华数 HSpad 示教器通常以"HSpad"简称。

华数机器人控制器安装于机器人电控柜内部,控制机器人的伺服驱动、输入/输出等主要执行设备;HSpad 通过电缆连接到机器人电柜上,作为上位机与控制器进行通信,如图1-6所示。

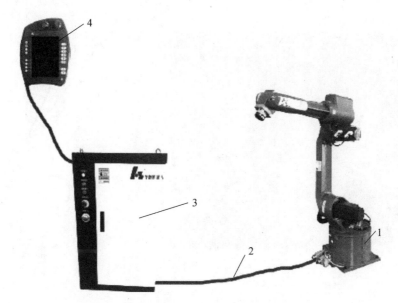

图 1-6　HSpad 和华数机器人连接图

1—机械手;2—连接线缆;3—电控柜;4—HSpad 示教器

借助 HSpad,用户实现华数工业机器人控制系统的主要控制功能如下。

● 手动控制机器人运动。

● 机器人程序示教编程。

● 机器人程序自动运行。

● 机器人运行状态监视。

● 机器人控制参数设置。

3. HSR-6 工业机器人的坐标系

HSR-6 工业机器人控制系统中定义了图 1-7 所示的坐标系。

● 轴坐标系。

● 世界坐标系。

● 基坐标系。

● 工具坐标系。

各坐标系的含义如下。

● 轴坐标系　是机器人单个轴的运行坐标系,可针对单个轴进行操作。

● 世界坐标系　是一个固定的笛卡儿坐标系,是机器人默认坐标系和基坐标系的原点坐标系。默认配置中,世界坐标系与机器人默认坐标系是一致的。

● 机器人默认坐标系　是一个笛卡儿坐标系,固定位于机器人底部。它可以根据世界坐标系说明机器人的位置。

● **基坐标系**　是一个笛卡儿坐标系,用来说明工件的位置。修改基坐标系后,机器人即按照设置的坐标系运动。默认配置中,基坐标系与机器人默认坐标系是一致的。

● **工具坐标系**　是一个笛卡儿坐标系,位于工具的工作点中。工具坐标系由用户移入工具的工作点。默认配置中,工具坐标系的原点在法兰中心点上。

HSR-6 工业机器人使用姿态角来描述工具点的姿态,如图 1-8 所示。

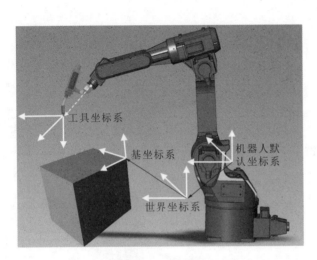

图 1-7　HSR-6 工业机器人的坐标系

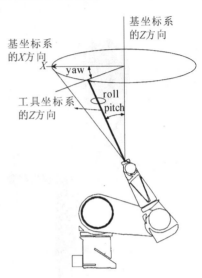

图 1-8　HSR-6 工业机器人的姿态角

图 1-8 中:

yaw——偏航角,即 A(y)。

pitch——俯仰角,即 B(p)。

roll——滚转角,即 C(r)。

考核评价

任务一评价表

基本素养(30 分)				
序号	评价内容	自评	互评	师评
1	纪律(无迟到、早退、旷课)(10 分)			
2	安全规范操作(10 分)			
3	参与度、团队协作能力、沟通交流能力(10 分)			
理论知识(40 分)				
序号	评价内容	自评	互评	师评
1	工业机器人的概念、分类和一般构成(10 分)			
2	HSR-6 工业机器人的组成(10 分)			
3	HSR-6 工业机器人的坐标轴及方向(10 分)			
3	HSR-6 工业机器人的坐标系(10 分)			
综合评价				

技能操作（30 分）			
序号	评价内容	自评	互评	师评
1	正确区分 HSR-6 工业机器人各运动轴（15 分）			
2	正确区分 HSR-6 工业机器人各运动轴正方向（15 分）			
	综合评价			

任务二　工业机器人的操作规范与安全

任务描述

工业机器人的工作空间（也称工作范围、工作区域，指机器人手臂末端或手腕中心所能达到的所有空间区域，由于末端执行器的形状和尺寸是多种多样的，为真实反映机器人的特征参数，工作范围是指不安装末端执行器的工作区域）往往不是规范的长方体，很难一眼看出来。为了保证人身和财产安全，操作工业机器人必须遵守操作规范与安全。

任务实施

一、工业机器人操作安全注意事项

工业机器人与其他机械设备相比，其工作空间范围大、动作迅速等特点都会造成安全隐患。因此，操作工必须经过专业培训，了解系统指示灯及按钮的用途，熟知最基本设备知识、安全知识及注意事项后方可操作。

1. 工业机器人操作安全注意事项

（1）穿戴和使用规定的工作服、安全鞋、安全帽、保护用具等。

（2）工业机器人工作前的检测工作如下。

① 线槽，导线无破损外露。

② 工业机器人本体、外部轴上严禁摆放杂物、工具等。

③ 电控柜上严禁摆放装有液体物件（如水瓶）。

④ 无漏气、漏水、漏电现象。

⑤ 需确认示教器的安全保护装置如紧急停止按钮是否能正确工作。

（3）开机过程。

① 接通总电源。

② 电控柜上电。

③ 工业机器人在接通电源后无报警，方可操作作业。

（4）用示教盒操作工业机器人及运行作业时，请确认工业机器人工作空间内没有人员及障碍物。工业机器人处于自动模式时，任何人员都不允许进入其运动所及的区域。调试人员进入工业机器人工作区域时，必须随身携带示教器，以防他人误操作。

（5）示教盒使用后，应摆放到规定位置，远离高温区，不可放置在工业机器人工作区域，以防发生碰撞,造成人员与设备的损坏事故。

(6) 保持工业机器人安全标记的清洁,清晰,如有损坏应及时更换。

(7) 作业结束,为确保安全,要养成按下紧急停止按键,断开机器人伺服电源后再断开电源设备开关的习惯,断开总电源,清理设备,整理现场。

(8) 工业机器人停机时,夹具上不应置物,必须空机。

(9) 工业机器人在发生意外或运行不正常等情况下,立即按下紧急停止按键,停止运行。

(10) 工业机器人在自动状态下,即使运行速度非常低,其动量仍很大,所以在进行编程、测试及维修等工作时,必须将工业机器人状态置于手动模式。

(11) 在手动模式下调试工业机器人,如果不需要移动机器人时,必须及时释放使能器。

(12) 突然停电后,要赶在来电前断开工业机器人的总电源开关,并及时取下夹具上的工件。

(13) 必须保管好工业机器人钥匙,严禁非授权人员使用机器人。

2. HSR-6 工业机器人操作安全注意事项

(1) HSR-6 工业机器人使用人员必须对自己的安全负责。

(2) 华数机器人有限公司不对机器使用的安全问题负责。

(3) 华数机器人有限公司提醒用户在使用 HSR-6 工业机器人时必须使用安全设备,必须遵守安全条款。

(4) HSR-6 工业机器人程序的设计人员、机器人系统的设计人员和调试人员、安装人员必须熟悉华数机器人的编程方式、系统应用及安装。

(5) HSR-6 工业机器人可以以很高的速度移动很大的距离。

二、HSR-6 工业机器人安全操作规程

1) HSR-6 工业机器人的示教和手动控制

(1) 在点动操作工业机器人时,要采用较低的速度倍率。

(2) 在按下示教盒上的"点动"运行键之前,要考虑机器人的运动趋势。

(3) 要预先考虑好避让机器人的运动轨迹,并确认该线路不受干扰。

(4) 工业机器人周围区域必须清洁、无油、水及杂质等。

2) HSR-6 工业机器人的生产运动

(1) 在开机运行前,必须知道工业机器人根据所编程序将要执行的全部任务。

(2) HSR-6 机器人断电后,需要等待放电完成才能再次上电。

(3) 必须知道所有会影响工业机器人移动的开关、传感器和控制信号的位置和状态。

(4) 必须知道工业机器人控制器和外围控制设备上的紧急停止按钮的位置,因为在紧急情况下要使用这些按钮。

(5) 永远不要认为工业机器人没有移动就表示程序就已经运行完,因为这时工业机器人很有可能正在等待让它继续移动的输入信号。

三、不可使用机器人的场合

(1) 燃烧的环境。

(2) 有爆炸可能的环境。

(3) 无线电干扰的环境。

（4）水中或其他液体中。

（5）运送人或动物。

（6）不可攀附。

（7）其他不可使用场合。

考核评价

任务二评价表

基本素养(30分)				
序号	评价内容	自评	互评	师评
1	纪律(无迟到、早退、旷课)(10分)			
2	安全规范操作(10分)			
3	参与度、团队协作能力、沟通交流能力(10分)			
理论知识(50分)				
序号	评价内容	自评	互评	师评
1	工业机器人操作安全注意事项(10分)			
2	HSR-6工业机器人安全操作规程(10分)			
3	不可使用机器人的场合(10分)			
技能操作(20分)				
序号	评价内容	自评	互评	师评
1	正确启动HSR-6工业机器人(10分)			
2	正确关停HSR-6工业机器人(10分)			
综合评价				

任务三　认识 HSR-6 工业机器人的示教器 HSpad

任务描述

HSR-6 工业机器人的在线编程与操作是由 HSpad 示教器完成的。因此，要熟练地操作 HSR-6 工业机器人，就需要了解 HSpad 示教器，并掌握 HSpad 示教器的相关操作界面。

任务实施

一、HSpad 示教器简介

HSpad 示教器如图 1-9 所示，其特点如下。

● 采用触摸屏＋周边按钮的操作方式。

- 8 in(1 in＝25.4 mm)触摸屏。
- 多组按钮。
- 急停开关。
- 钥匙开关。
- 三段式安全开关。
- USB 接口。

1. HSpad 示教器前部

HSpad 示教器前部如图 1-10 所示,其上各按钮的功能如表 1-3 所示。

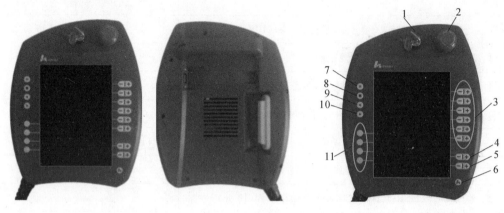

图 1-9　HSpad 示教器　　　　图 1-10　HSpad 示教器前部

表 1-3　HSpad 示教器前部各按钮及其功能

按键序号	按键功能
1	用于连接控制器的钥匙开关,只有插入了钥匙后,状态才可以被转换。可以通过连接控制器切换运行模式
2	紧急停止按钮,用于在危险情况下使机器人停机
3	点动运行钮,用于手动移动机器人
4	用于设定程序调节量的按钮。自动运行时为倍率调节
5	用于设定手动调节量的按钮。手动运行时为倍率调节
6	菜单按钮,可进行菜单和文件导航器之间的切换
7	暂停按钮,运行程序时,用暂停按钮可暂停运行
8	停止按钮,用停止按钮可停止正在运行中的程序
9	预留
10	开始运行按钮,在加载程序成功后,点击该按钮开始运行
11	辅助按键

2. HSpad 示教器背部

HSpad 示教器背部如图 1-11 所示，其上各部分的功能如表 1-4 所示。

图 1-11　HSpad 示教器背部

表 1-4　HSpad 示教器背部各部分及其功能

序号	按键功能
1	调试接口
2	三段式安全开关 安全开关有 3 个位置： ① 未按下； ② 中间位置； ③ 完全按下 在运行方式手动 T1 或手动 T2 中，确认开关必须保持在中间位置，方可使机器人运动。 在采用自动运行模式时，安全开关不起作用
3	HSpad 触摸屏手写笔插槽
4	USB 插口：USB 接口用于存档/还原等操作
5	散热口
6	HSpad 型号

二、HSpad 示教器的操作界面

HSpad 示教器的操作界面如图 1-12 所示，图中各标签的含义如表 1-5 所示。

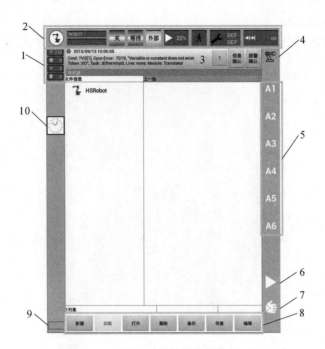

图 1-12 HSpad 示教器的操作界面

表 1-5 HSpad 示教器操作界面各标签含义

序号	按键功能
1	信息提示计数器 信息提示计数器显示,提示每种信息类型各有多少条等待处理; 触摸信息提示计数器可放大显示
2	状态栏
3	信息窗口 　根据默认设置将只显示最后一个信息提示,触摸信息窗口可显示信息列表;列表中会显示所有待处理的信息; 可以被确认的信息可用"确认"按钮确认; 点击"信息确认"按钮确认所有除错误信息以外的信息; 点击"报警确认"按钮确认所有错误信息; 点击"?"按钮可显示当前信息的详细信息
4	坐标系状态 触摸该图标就可以显示所有坐标系,并进行选择
5	点动运行指示 如果选择了与轴相关的运行,这里将显示轴号(A_1、A_2 等); 如果选择笛卡儿坐标运行,这里将显示坐标系的方向(X、Y、Z、A、B、C); 触摸图标会显示运动系统组选择窗口。选择组后,将显示为相应组中所对应的名称
6	自动倍率修调图标
7	手动倍率修调图标
8	操作菜单栏,用于程序文件的相关操作

序号	按键功能
9	网络状态 红色为网络连接错误,检查网络线路问题; 黄色为网络连接成功,但初始化控制器未完成,无法控制机器人运动; 绿色为网络初始化成功,HSpad 正常连接控制器,可控制机器人运动
10	时钟 时钟可显示系统时间,点击时钟图标就会以数码形式显示系统时间和当前系统的运行时间

图 1-12 上方的状态栏显示工业机器人设置的状态。多数情况下通过点击图标就会打开一个窗口,可在打开的窗口中更改设置。HSpad 状态栏如图 1-13 所示。

图 1-13　HSpad 状态栏

HSpad 状态栏中各标签的含义如表 1-6 所示。

表 1-6　HSpad 状态栏各标签含义

序号	按键功能
1	主菜单,用于菜单按钮功能,用户可借此完成机器人的各种操控
2	机器人名,显示当前机器人的名称
3	加载程序名称,在加载程序之后,会显示当前加载的程序名
4	使能状态 绿色并且显示"开",表示当前"使能"打开; 红色并且显示"关",表示当前"使能"关闭; 点击可打开"使能"设置窗口,在自动模式下点击开/关可设置"使能"开关状态,窗口可显示安全开关的按下状态
5	程序运行状态,自动运行时,显示当前程序的运行状态
6	模式状态显示,"模式"可以通过钥匙开关设置,"模式"可设置为手动模式、自动模式、外部模式
7	倍率修调显示,切换模式时会显示当前模式的倍率修调值;打开设置窗口,可通过加/减按钮以 1% 的单位进行加减设置,也可通过滑块左右拖动设置
8	程序运行方式状态,在自动运行模式下只能是连续运行,"手动 T1"和"手动 T2"模式下可设置为单步或连续运行;打开设置窗口,在"手动 T1"和"手动 T2"模式下可点击连续/单步按钮进行运行方式切换
9	激活基坐标/工具显示,打开窗口,点击工具和基坐标选择相应的工具和基坐标进行设置
10	增量模式显示,在"手动 T1"或"手动 T2"模式下打开窗口,点击相应选项设置增量模式

三、HSpad 示教器的主菜单及其运行方式切换

1. 调用主菜单

主菜单用于用户完成机器人的各种操控,打开/关闭主菜单的操作步骤如下。

步骤 1 点击主菜单图标或按钮,窗口主菜单打开,如图 1-14 所示。

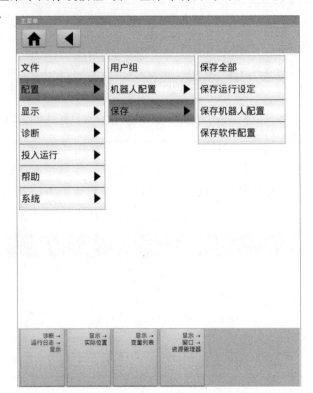

图 1-14 HSpad 示教器的主菜单

步骤 2 再次点击主菜单图标或按钮,关闭主菜单。

主菜单窗口属性如下。

● 左栏中显示主菜单。

● 点击一个菜单项将显示其所属的下级菜单。

● 视打开下级菜单的层数的多少,可能会看不到主菜单栏,而是只能看到菜单,此时会显示最新的三级菜单显示。

● 点击左上 Home 按钮关闭所有打开的下级菜单,只显示主菜单。

● 在下部区域将显示上一个所选择的菜单项(最多 6 个)。这样能直接再次选择这些菜单项,而无须先关闭打开的下级菜单。

2.重启 HSpad 示教器

当 HSpad 示教器异常,需要重启时,可按下述操作步骤进行。

● 打开主菜单。

● 选择主菜单中的"系统"→"重启系统",此时会弹出提示会话框。

● 选择对话框中的"是"按钮,示教器会在 30 s 后重启,同时也会重启控制器。

注意:正在编辑的程序请先保存再重启,否则新编辑的数据将会丢失,无法恢复!

3.切换运行方式

HSR-6 机器人有"手动 T1""手动 T2""自动""外部"等运行方式。

各种运行方式的含义如表 1-7 所示。

表 1-7　各种运行方式的含义

运行方式	应用	速度
手动 T1	用于低速测试运行、编程和示教	编程示教:编程速度最高 125 mm/s 手动运行:手动运行速度最高 125 mm/s
手动 T2	用于高速测试运行、编程和示教	编程示教:编程速度最高 250 mm/s 手动运行:手动运行速度最高 250 mm/s
自动	用于不带外部控制系统的工业机器人	程序运行速度:程序设置的编程速度 手动运行:禁止手动运行
外部	用于带有外部控制系统(例如 PLC)的工业机器人	程序运行速度:程序设置的编程速度 手动运行:禁止手动运行

当机器人控制器未加载任何程序,且具备连接 HSpad 示教器钥匙开关的钥匙时,HSR-6 机器人可在上述运行方式之间切换,切换的操作步骤如下。

步骤 1　在 HSpad 上转动钥匙开关,HSpad 界面会显示选择运行方式的界面,如图1-15所示。

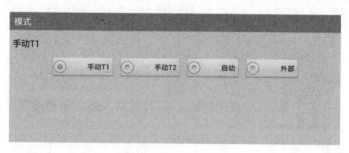

图 1-15　运行方式

步骤 2　选择需要切换的运行方式。

步骤 3　将钥匙开关再次转回初始位置。

所选的运行方式会显示在 HSpad 主界面的状态栏中。

注意:在程序已加载或运行期间,运行方式不可更改!

考核评价

任务三评价表

基本素养(30分)				
序号	评价内容	自评	互评	师评
1	纪律(无迟到、早退、旷课)(10分)			
2	安全规范操作(10分)			
3	参与度、团队协作能力、沟通交流能力(10分)			
理论知识(50分)				
序号	评价内容	自评	互评	师评
1	HSpad 示教器按键及其功能(10分)			
2	HSpad 示教器操作界面及其各标签含义(15分)			
3	HSpad 示教器状态栏各标签含义(15分)			
4	HSpad 示教器"手动 T1""手动 T2""自动""外部轴"等运行方式含义(10分)			

续表

技能操作(20分)				
序号	评价内容	自评	互评	师评
1	使用 HSpad 示教器正确调用主菜单, 熟悉相关子菜单界面(10 分)			
2	正确重启 HSpad 示教器(5 分)			
3	在"手动 T1""手动 T2""自动""外部"等方式 之间正确切换 HSR-6 的运行方式(5 分)			
综合评价				

任务四　使用 HSpad 示教器手动操作 HSR-6 工业机器人

任务描述

工业机器人在正常工作时,一般在自动方式,即机器人的运动和动作是由示教或离线编程的机器人程序控制的。

但机器人在正常工作之前,一般需要手动操作机器人完成特定的工作,最典型的如手动操作机器人完成机器人的示教编程。因此,熟练掌握机器人的手动操作是十分必要的。

本任务通过实际操作 HSpad 示教器,控制 HSR-6 工业机器人的坐标轴和外部轴运动。

任务实施

一、手动运行 HSR-6 工业机器人

手动运行 HSR-6 工业机器人分为以下两种方式。

方式 1　与轴相关的运动:每个关节轴均可以独立地正向或反向运动。

方式 2　笛卡儿运动:工具中心点(tool center point,TCP)沿着一个坐标系的正向或反向运动。

使用 HSpad 示教器右侧的点动按钮可手动操作机器人关节坐标轴或笛卡儿坐标轴运动。

1.手动倍率修调

手动倍率表示手动运行时机器人的速度。它以百分数表示,以机器人在手动运行时的最大可能速度为基准。"手动 T1"方式的速度为 125 mm/s,"手动 T2"方式的速度为250 mm/s。

修调手动倍率的操作步骤如下。

步骤 1　触摸图 1-16 所示的倍率修调状态图标,打开图 1-17 所示的倍率调节量窗口,按下相应按钮或拖动后倍率将被调节。

图 1-16　倍率修调状态

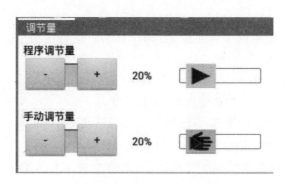

图 1-17 倍率调节量

步骤 2 设定所要求的手动倍率,可通过正负按钮或通过调节器进行设定。

● 正负键:可以以 100%、75%、50%、30%、10%、3%、1%步距为单位进行设定。

● 调节器:可以以 1%步距为单位进行设定。

步骤 3 重新触摸状态显示手动方式下的倍率修调图标(或触摸窗口外的区域),窗口关闭并应用所设定的倍率。

注意:若当前为手动方式,状态栏只显示手动倍率修调值,自动方式时显示自动倍率修调值,点击后,在窗口中的手动倍率修调值和自动倍率修调值均可设置。

2.工具选择和基坐标选择

HSR-6 机器人控制系统中最多可在存储 16 个工具坐标系和 16 个基础坐标系。

工具选择和基坐标选择的操作步骤如下。

步骤 1 触摸图 1-18 所示工具和基坐标系状态图标,打开"激活的基坐标/工具"窗口,如图 1-19 所示。

图 1-18 工具和基坐标系状态

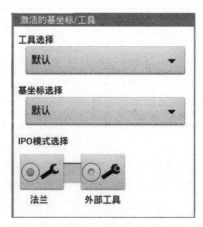

图 1-19 激活的基坐标/工具

步骤 2 选择所需的工具和所需的基坐标。

3.用运行按键进行与轴相关的移动

在运行方式为"手动 T1"或"手动 T2"时,可用运行按钮进行与轴相关的移动。操作步骤如下。

步骤1 选择运行按钮的坐标系统为:轴坐标系。运行按钮旁边会显示"A1","A2",…,"A6",如图 1-20 所示。

步骤2 设定手动倍率。

步骤3 按住安全开关,此时"使能"处于打开状态。

步骤4 按下正或负运行按钮,以使机器人轴朝正或反方向运动。

机器人在运动时的轴坐标位置可以通过以下方法显示。

选择"主菜单"→"显示"→"实际位置"。若显示的是笛卡儿坐标,则可点击右侧"轴相关"按钮切换。

4.用运行按钮按笛卡儿坐标移动

在运行方式为"手动 T1"或"手动 T2"时,选定好工具和基坐标系,可用运行按钮按笛卡儿坐标移动,操作步骤如下。

步骤1 选择运行按钮的坐标系统为:世界坐标系、基坐标系或工具坐标系。运行按钮旁边会显示以下名称,如图 1-21 所示。

图 1-20　轴坐标系下的手动运行轴　　　图 1-21　笛卡儿坐标系下的手动运行轴

- X、Y、Z:用于沿选定坐标系的轴做线性运动。
- A、B、C:用于沿选定坐标系的轴做旋转运动。

步骤2 设定手动倍率。

步骤3 按住安全开关,此时使能处于打开状态。

步骤4 按下正或负运行按钮,以使机器人朝正或反方向运动。

机器人在运动时的笛卡儿坐标位置可以通过如下方法显示。

选择"主菜单"→"显示"→"实际位置",第一次默认当前显示的即为笛卡儿坐标位置,若显示的是轴坐标,则可点击右侧笛卡儿按钮切换。

5.增量式手动方式

在运行方式为"手动 T1"或"手动 T2"时,使用增量式手动运行方式可使机器人移动所选择的距离,如 10 mm 或 3°,然后机器人自行停止。

运行时可以用运行按钮接通增量式手动运行方式。

下列情况可使用增量式手动方式。

● 以同等间距进行点的定位。

● 从一个位置移出所设置的距离，如在故障情况下。

● 使用测量表调整时。

增量式手动运行的操作步骤如下。

步骤1 点击图 1-22 所示的增量状态图标，打开"增量式手动移动"窗口，选择增量移动方式。

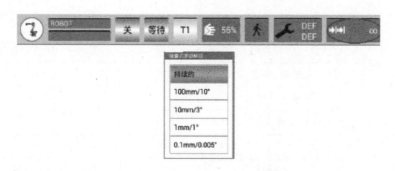

图 1-22 增量式手动运行的设置

步骤2 用运行按钮运行机器人。可以采用笛卡儿或与轴相关的方式运行。

如果已达到设定的增量，则机器人停止运行。

增量式手动运行的设置说明如表 1-8 所示。

表 1-8 增量式手动运行的设置

设置		说明
持续的	已关闭增量式手动移动	增量单位为 mm，适用于在 X、Y 或 Z 方向的笛卡儿运动 增量单位为"°"，适用于在 A、B 或 C 方向的笛卡儿运动
100 mm/10°	1 增量＝100 mm 或 10°	
10 mm/3°	1 增量＝ 10 mm 或 3°	
1 mm/1°	1 增量＝1 mm 或 1°	
0.1 mm/0.005°	1 增量＝0.1 mm 或 0.005°	

注意：如果机器人的运动被中断，如因放开了安全开关，则在下一个动作中被中断的增量不会继续，而会从当前位置开始一个新的增量。

二、手动运行 HSR-6 工业机器人附加轴

在运行方式为"手动 T1"或"手动 T2"时，可手动运行 HSR-6 工业机器人附加轴。操作步骤如下。

步骤1 点击任意运行键图标，打开"选择轴"窗口，如图 1-23 所示，选择所希望的运动系统组，例如附加轴（运动系统组的可用种类和数量取决于设备配置，配置方法为："主菜单"→"配置"→"机器人配置"→"机器人信息"）。

步骤2 设定手动倍率。

图 1-23 选择运动系统组（附加轴）

步骤3 按住安全开关。在运行按钮旁边将显示所选

择运动系统组的轴。

步骤 4 按下正或负运行按钮，以使轴朝正方向或反方向运动。

根据不同的设备配置，可能有下列运动系统组。

机器人轴：用运行按钮可运行机器人轴，附加轴则无法运行。

附加轴：使用运行按钮可以运行所有已配置的附加轴，如附加轴 E_1，E_2，$\cdots$，E_5 依次对应手动运行按钮。

考核评价

任务四评价表

基本素养(30分)				
序号	评价内容	自评	互评	师评
1	纪律(无迟到、早退、旷课)(10分)			
2	安全规范操作(10分)			
3	参与度、团队协作能力、沟通交流能力(10分)			
理论知识(20分)				
序号	评价内容	自评	互评	师评
1	HSR-6 工业机器人工具坐标系的选择(10分)			
2	HSR-6 工业机器人手动倍率的设定(10分)			
技能操作(50分)				
序号	评价内容	自评	互评	师评
1	使用 HSpad 示教器用运行按钮进行与轴相关的移动(10分)			
2	使用 HSpad 示教器用运行按钮按笛卡儿坐标移动(10分)			
3	使用 HSpad 示教器用笛卡儿或与轴相关的方式增量移动机器人(20分)			
4	使用 HSpad 示教器手动运行 HSR-6 附加轴(10分)			
综合评价				

任务五　HSR-6 工业机器人投入运行前的准备

任务描述

工业机器人在投入运行前，为了保证安全，需要对各个关节轴进行软限位数据的设置；为了保证笛卡儿坐标移动的精度，一般需要对机器人的各个关节轴进行校准。

本任务通过实际操作 HSpad 示教器，实现对 HSR-6 工业机器人各个关节轴的软限位数据的设置与校准。

任务实施

一、HSR-6 工业机器人软限位的设置

软限位开关用做机器人安全防护,HSR-6 工业机器人在投入运行前,需要设定各关节轴的软限位位置,设定后可保证机器人运行在设置数据范围内。

根据现场环境,依次对 HSR-6 工业机器人每个关节轴进行相应的限位数据设置,轴数据的单位为弧度。

注意:

● 在设置限位数据时,负限位的值必须小于正限位的值;

● 机器人在投入运行前必须将限位开关使能打开,并设置相应轴数据,否则可能会造成损失。

1. 内部轴软限位的设置

HSR-6 工业机器人内部轴软限位数据的设置操作步骤如下。

步骤 1　点击菜单选项,依次点击"投入运行"→"软件限位开关",弹出图 1-24 所示的"正负软限位开关"对话框,图中各栏的含义如下。

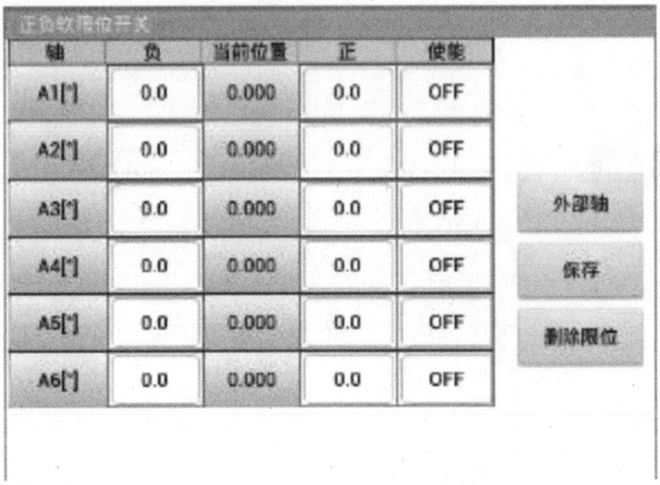

图 1-24　"正负软限位开关"对话框

● 轴:机器人轴。

● 负:机器人负向软限位位置。

● 当前位置:机器人当前位置。

● 正:机器人正向软限位位置。

● 使能:软限位使能开关,在"OFF"状态下软限位无效。

步骤 2　点击轴 1 栏,弹出图 1-25 所示的"轴 1 限位设置"对话框,设置轴 1 软限位,输入数据,选择使能开关为"ON",点击"确定"。

步骤 3　点击轴 2 栏,弹出图 1-26 所示的"轴 2 限位设置"对话框,设置轴 2 软限位,输入数据,选择使能开关为"ON",点击"确定"。

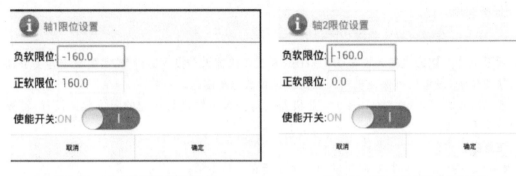

图 1-25 "轴 1 限位设置"对话框   图 1-26 "轴 2 限位设置"对话框

步骤 4 点击轴 3 栏,弹出图 1-27 所示的"轴 3 限位设置"对话框,设置轴 3 软限位,输入数据,选择使能开关为"ON",点击"确定"。

步骤 5 点击轴 4 栏,弹出图 1-28 所示的"轴 4 限位设置"对话框,设置轴 4 软限位,输入数据,选择使能开关为"ON",点击"确定"。

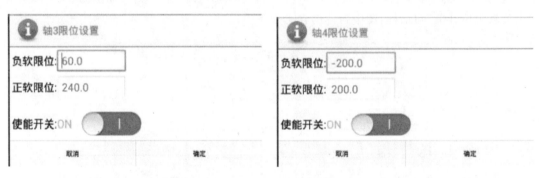

图 1-27 "轴 3 限位设置"对话框   图 1-28 "轴 4 限位设置"对话框

步骤 6 点击轴 5 栏,弹出图 1-29 所示的"轴 5 限位设置"对话框,设置轴 5 软限位,输入数据,选择使能开关为"ON",点击"确定"。

步骤 7 点击轴 6 栏,弹出图 1-30 所示的"轴 6 限位设置"对话框,设置轴 6 软限位,输入数据,选择使能开关为"ON",点击"确定"。

图 1-29 "轴 5 限位设置"对话框   图 1-30 "轴 6 限位设置"对话框

步骤 8 设置完所有轴限位信息后,点击图 1-24 中的"保存"按钮,如果保存成功,提示栏会提示"保存成功",重启控制器生效;保存失败则提示"保存失败"。

注意:

● 在轴校准时可以把轴的软限位使能开关关闭,轴数据校准后再打开使能开关,以便于轴校准；

● 在设置数据时需要注意，设置的软限位数据不能超过机械硬限位位置的数据，否则可能会造成机器人损坏。

2.删除限位数据

当需要删除全部限位数据时，可以点击图 1-24 中的"删除限位"按钮，提示成功后（见图1-31）重启生效。

图 1-31　删除限位成功

3.外部轴软限位的设置

当机器人系统存在外部轴时，通过外部轴软限位数据的设置可配置外部轴运动范围；如果不存在外部轴，则在外部轴限位信息界面显示为空。

外部轴软限位数据设置操作步骤如下。

步骤 1　点击"菜单"→"投入运行"→"软件限位开关"。

步骤 2　在图 1-24 所示对话框中点击"外部轴"，切换到外部轴设置界面。

步骤 3　具体设置步骤参考内部轴软限位设置。

二、HSR-6 工业机器人的校准

机器人在运动前，需要对机器人的各个关节轴进行校准。

机器人只有在校准之后方可进行笛卡儿运动，并且要将机器人移至编程位置。

机器人的机械位置和编码器位置会在校准过程中协调一致。为此必须将机器人置于一个已经定义的机械位置，即校准位置，然后每个轴的编码器返回值均被储存下来。所有机器人的校准位置都相似，但不完全相同。精确位置在同一机器人型号的不同机器人之间也会有所不同。

注意：机器人投入运行必须先校准，否则不能正常运行。

1.轴校准情况

在表 1-9 所示的几种情况下，必须对机器人进行校准。

表 1-9　需要对机器人进行校准的情况

情况	说明
机器人投入运行时	必须校准，否则不能正常运行
机器人发生碰撞后	必须校准，否则不能正常运行
更换电动机或编码器时	必须校准，否则不能正常运行
机器人运行碰撞到硬限位后	必须校准，否则不能正常运行

2.内部轴校准

内部轴校准的操作步骤如下。

步骤 1 点击菜单选项,依次点击"投入运行"→"调整"→"校准",弹出图 1-32 所示"轴数据校准"对话框。

步骤 2 选择校准关节轴,移动校准轴到机械原点,如图 1-33 所示。

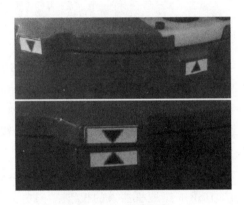

图 1-32 "轴数据校准"对话框　　　　　　　　图 1-33 机械原点

步骤 3 待各轴运动到机械原点后,点击图 1-32 中的相应选项,弹出图 1-34 所示对话框,输入正确的数据,点击"确定"按钮。

步骤 4 相关轴的机械原点坐标会显示在图 1-35 所示的初始位置栏。

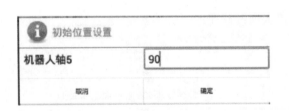

轴数据校准:

轴	初始位置
机器人轴1	0.0
机器人轴2	-90.0
机器人轴3	180.0
机器人轴4	0.0
机器人轴5	90.0
机器人轴6	0.0

图 1-34 机器人原点输入　　　　　　　　图 1-35 "轴数据校准"初始位置栏

步骤 5 各轴数据输入完毕后,点击图 1-32 所示的"保存校准"按钮,保存数据。保存是否成功会在状态栏显示,如果显示校准不成功则需检查网络是否连接成功。

3.外部轴校准

操作步骤参照内部轴校准步骤。

4.删除校准

当重新校准时或需要重置校准数据时可删除校准。

删除校准的操作步骤如下。

步骤1　点击"菜单"→"投入运行"→"调整"→"校准",弹出图1-32所示的"轴数据校准"对话框。

步骤2　点击"删除校准"按钮,弹出图1-36所示的"删除校准成功"的提示。

> 提示
>
> 删除校准成功,重启控制器生效!
>
> 确定

图 1-36　删除校准成功

考核评价

任务五评价表

基本素养(30分)				
序号	评价内容	自评	互评	师评
1	纪律(无迟到、早退、旷课)(10分)			
2	安全规范操作(10分)			
3	参与度、团队协作能力、沟通交流能力(10分)			
理论知识(20分)				
序号	评价内容	自评	互评	师评
1	HSR-6工业机器人软限位的含义(10分)			
2	HSR-6工业机器人校准的情况10分)			
技能操作(50分)				
序号	评价内容	自评	互评	师评
1	使用HSpad示教器设置内部轴、外部轴软限位(15分)			
2	使用HSpad示教器正确删除软限位(10分)			
3	使用HSpad示教器完成内部轴、外部轴校准(15分))			
4	使用HSpad示教器删除校准(10分))			
综合评价				

项 目 小 结

本项目主要学习了工业机器人的基础知识与基本操作。通过本项目的学习,掌握工业机器人的基本组成、分类、操作规范与安全、示教器的基本操作方法。在基础知识方面,主要学习了 HSR-6 工业机器人的组成及其坐标轴与坐标系。在操作应用方面，对 HSR-6 工业机器人的 HSpad 示教器及示教界面进行了说明。在技能学习方面，主要学习了使用 HSpad 示教器手动操作 HSR-6 工业机器人及 HSR-6 工业机器人校准等操作，使操作者能够记住 HSR-6 工业机器人的简单操作，从而完成其手动操作。

思考与练习

一、填空题

1.工业机器人由_____、_____和_____三个基本部分组成。

2.工业机器人一般有四种坐标模式：_____、_____、_____和_____。

3.工业机器人按应用领域分类可分为搬运机器人、_____、_____、_____、_____、_____等。

4.工业机器人按臂部的运动形式可分为_____、_____、_____、_____等四种。

二、简答题

1.简述工业机器人的定义。

2.简述工业机器人的主要应用领域。

3.HSR-6 工业机器人控制系统的主要控制功能有哪些？

4.HSR-6 工业机器人的 HSpad 示教器的作用是什么？

5.简述使用 HSpad 示教器手动连续移动 HSR-6 工业机器人各关节轴、笛卡儿轴和手动增量移动各关节轴、笛卡儿轴的步骤。

6.简述操作工业机器人时需要注意哪些安全事项。

项目二　HSR-6 工业机器人写字操作与编程

项目描述

本项目通过对 HSR-6 工业机器人写字操作与编程的学习,使学生能对相关编程指令、示教器的相关操作、机器人基坐标系设定进行系统了解和认识,基本具备对机器人写字作业操作与编程及维护的能力。

项目目标

- 能理解工业机器人程序的概念。
- 能掌握 HSR-6 工业机器人的相关编程指令。
- 能使用 HSpad 示教器对 HSR-6 工业机器人进行操作。
- 能使用 HSR-6 工业机器人基本指令正确编制写字程序。

知识目标

- 能理解 HSR-6 工业机器人的坐标系。
- 能正确对 HSR-6 工业机器人程序文件进行使用、管理。

能力目标

- 能根据写字任务进行工业机器人运动规划。
- 能够新建、编辑和加载程序。
- 能灵活运用 HSR-6 工业机器人相关编程指令,使用 HSpad 示教器完成写字程序的示教。
- 能完成工业机器人写字程序的调试和自动运行。

任务一　程序的新建、加载和编辑操作

任务描述

程序是为了让机器人完成某种任务而设置的动作顺序描述。示教编程通过示教操作和机器人编程指令产生的示教数据都将保存在程序中,当机器人自动运行时,执行程序所保存的数据和指令所要求的运动轨迹。

在对机器人进行写字程序示教编程之前,需要先熟悉机器人程序的相关操作。

本任务通过对机器人写字程序的新建、编辑和加载操作的学习,使学生掌握机器人程序的基本操作。

知识准备

一、程序的基本信息

在示教器上新建一个程序时,系统会自动生成一个程序模板,用户可以在原模板的基础上进行机器人的示教编程操作。程序模板如图 2-1 所示。

```
1
2     ' (ADD YOUR COMMON/COMMON SHARED VARIABLE HERE )
3
4     PROGRAM
5     ' (ADD YOUR DIM VARIABLE HERE )
6
7     WITH ROBOT
8     ATTACH ROBOT
9     ATTACH EXT_AXES
10
11    WHILE TRUE
12    ' (WRITE YOUR CODE HERE)
13
14    SLEEP 100
15    END WHILE
16
17    DETACH ROBOT
18    DETACH EXT_AXES
19    END WITH
20    END PROGRAM
```

图 2-1 程序模板

程序模板中各部分的含义如下。

PROGRAM 和 END PROGRAM,WITH ROBOT 和 END WITH,ATTACH 和 DETACH 分别是三对配合使用的程序指令。

PROGRAM 和 END PROGRAM:指明了程序段的开始和结束。系统需要依据这对关键词来识别这是一个用户程序,而不是子程序等。

WITH ROBOT 和 END WITH:指明系统控制的默认组是 ROBOT 组,因为存在外部轴,而所有外部轴是一个组,机器人的 6 个轴也是一个组,所以有两个组,WITH ROBOT 是指默认的操作是对 ROBOT 组。在程序中如果不指明是哪个组,则是指机器人组。

ATTACH 和 DETACH:用于绑定组和解除组。用户程序只有绑定了一个控制组/轴(单个轴、机器人组或外部轴组)才能运行。

二、程序编制方法

工业机器人常见的程序编制方法有两种:示教编程方法和离线编程方法。

示教编程方法是指由操作人员引导,控制机器人运动,记录机器人作业的程序点,并插入所需的机器人命令来完成程序的编制;离线编程是指操作者不对实际作业的机器人直接进行示教,而是在运行于外部计算机的离线编程系统中进行编程和仿真,生成机器人程序,然后传送至机器人控制器中运行。

示教编程可以通过示教盒示教实现。由于示教方式实用性强,操作简便,因此大部分机器人都采用这种方式。

本任务将采用示教编程方法完成写字程序的生成:在操作机器人实现写字运动之前新

建一个程序;通过示教器控制机器人到达相应的轨迹点,并保存相关的示教数据和运动指令;通过示教器完成轨迹再现。

任务实施

一、新建程序

新建程序的操作步骤如下。

步骤1　点击图2-2所示示教器软件操作界面中的"新建",弹出图2-3所示的对话框。

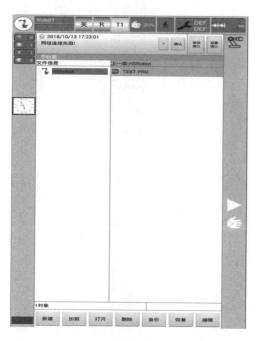
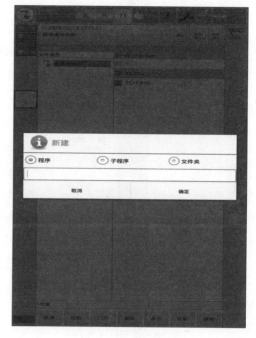

图 2-2　示教器软件操作界面　　　　　图 2-3　新建程序界面

步骤2　默认选择新建类型为"程序",输入程序名,点击"确定"即可。

注意: 程序名须为字母、数字、下划线的形式,不能包含中文。

子程序通常在同一个程序下即可以编写保存,在子程序较多,且需要跨文件共享的时候,可以新建"子程序",这样将生成 LIB 库文件,其属性为全局属性,可以为任意一个主程序调用(即是通常所称的子程序)。

子程序命名也只能采用字母、数字、下划线的形式,且子程序名中不能含有字母 J(有的系统版本存在含有字母 J 的子程序加载不了的问题)。

二、打开程序

"打开程序"可查看文件导航器中所选中的程序内容。

打开程序的操作步骤如下。

步骤1　在图2-2所示导航器中选定程序,并且点击界面中"打开"。

步骤2　如果选定了一个 PRG 程序,点击"确认"后可打开程序,编辑器中将显示该程序,如图2-4所示。

步骤3　此时 PRG 程序处于可编辑状态,可对该程序进行更改、插入指令、备注、说明等。

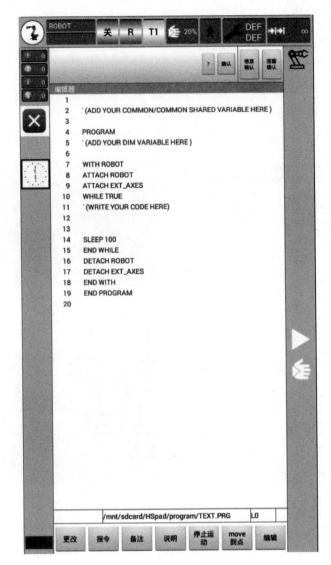

```
1
2     ' (ADD YOUR COMMON/COMMON SHARED VARIABLE HERE )
3
4     PROGRAM
5     ' (ADD YOUR DIM VARIABLE HERE )
6
7     WITH ROBOT
8     ATTACH ROBOT
9     ATTACH EXT_AXES
10    WHILE TRUE
11    ' (WRITE YOUR CODE HERE)
12
13
14    SLEEP 100
15    END WHILE
16    DETACH ROBOT
17    DETACH EXT_AXES
18    END WITH
19    END PROGRAM
20
```

/mnt/sdcard/HSpad/program/TEXT.PRG   L0

更改　指令　备注　说明　停止运动　move到点　编辑

图 2-4　程序调入编辑器

三、编辑程序

编辑程序是指：可以对程序的指定行进行更改、插入指令，对程序进行备注、说明，以及保存、复制、粘贴等。

1.插入指令

插入指令的步骤如下。

步骤 1　打开一个程序，调入编辑器，如图 2-5 所示。

步骤 2　选择需要在其后添加指令的一行，如需要在第 13 行添加指令，则点击第 12 行。

步骤 3　随后点击下方工具栏的"指令"，将弹出图 2-6 所示指令菜单以供选择，在这里，假设需要添加"运动指令"中的"MOVE"。

步骤 4　随后将弹出图 2-7 所示对话框，用于添加相关数据。

步骤 5　指令添加完成后，点击右下角"确定"，即可完成指令的添加。点击左下角的"取消"，则会放弃指令添加操作。

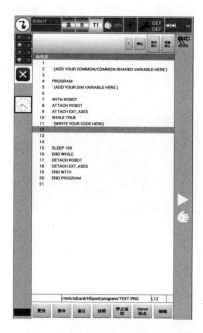

图 2-5　插入行界面　　　　　　　　　图 2-6　运动指令界面

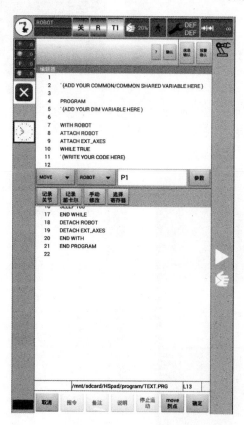

图 2-7　指令添加界面

2.更改指令

更改指令的步骤如下。

步骤 1 在图 2-4 所示编辑器中,选择需要对其更改的一行指令,如第 10 行的 WHILE TRUE。

步骤 2 点击下方工具栏的"更改",即可开始对该行指令修改,如图 2-8 所示。

步骤 3 可以手动输入指令进行修改,也可以点击"选项"进行"选项"操作,弹出图 2-9 所示界面。

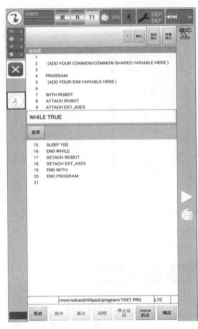

图 2-8 指令修改界面

图 2-9 条件界面

步骤 4 如果希望条件由 TRUE 变为 IR[1]＝1,选中 TRUE 一栏,点击"修改条件",弹出图 2-10 所示界面,按需要进行操作。

步骤 5 最终效果如图 2-11 所示。

图 2-10 条件修改界面

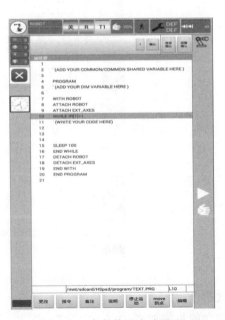

图 2-11 条件修改完成界面

3. 保存当前位置到运动指令

以图 2-6 所示 MOVE 指令为例,操作过程如下。

选中 MOVE 指令行,点击"更改",弹出的界面与添加 MOVE 指令时基本一致,如图 2-12所示。

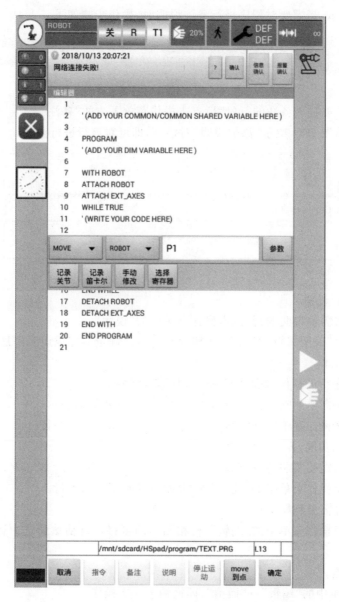

图 2-12　指令界面

选项 1　点击"记录关节"选项,记录机器人当前点的各个关节的坐标值(数据将在右侧显示),并保存在 P1 中。

选项 2　点击"记录笛卡尔"选项,记录机器人当前 TCP 点在当前笛卡儿坐标系下的坐标值,并保存在 P1 点中。

选项 3　点击"手动修改"选项,对保存的数据进行修改。

选项 4　如果寄存器中已经有了需要的点位信息,则可以点击"选择寄存器"选项,从指定寄存器中读取位置数据。

P1（以及 P2、P3 等）是用于保存位置的变量名。为防止误更改,系统将这些变量存放在文件名和程序名相同,但后缀为 dat 的文件中,用户在示教器权限为 normal 级别时不可见。在备份程序时,示教器将同时自动备份 dat 文件。

4.对程序进行备注

如图 2-13 所示,当需要对程序进行备注说明时,操作步骤如下。

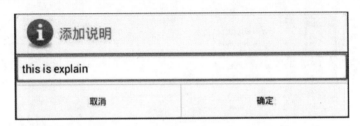

图 2-13　程序条界面

步骤 1　点击要插入备注的行,然后点击操作菜单下方的"备注"。

步骤 2　弹出图 2-14 所示"添加说明"对话框,即可对该行进行注释。

ℹ 添加说明	
this is explain	
取消	确定

图 2-14　"添加说明"对话框

5.对程序进行说明

步骤 1　点击需要说明的行,点击操作菜单中的"说明"。

步骤 2　弹出"说明编辑"对话框,编辑完毕,点击"确定",完成说明添加。

6.其他编辑操作

（1）删除程序行的操作如图 2-15 所示,具体步骤如下。

步骤 1　点击需要删除的行（选定,该程序行为蓝色背景即表示选中）。

步骤 2　选择操作菜单中的"编辑"→"删除",即可删除选中的行。

（2）复制粘贴功能,操作步骤如下。

步骤 1　点击需要复制的行（选定）。

步骤 2　选择操作菜单中的"编辑"→"复制",即复制该选中行。

步骤 3　选择需要粘贴的行。

步骤 4　选择操作菜单中的"编辑"→"粘贴",即可将该行粘贴到选中行的下一行（可跨文件复制粘贴）。

（3）撤销功能。

选择操作菜单中的"编辑"→"撤销",即撤销上一次操作。

（4）多选功能,操作步骤如下。

步骤 1　选择操作菜单中的"编辑"→"多选",显示多选框。

步骤 2　在多选框里勾选需要选中的行。

步骤 3　可对多选行进行删除、复制、粘贴操作。

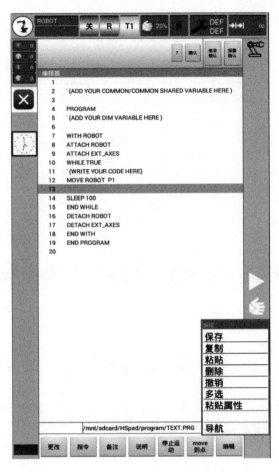

图 2-15　编辑修改界面

考核评价

任务一评价表

基本素养(30 分)				
序号	评价内容	自评	互评	师评
1	纪律(无迟到、早退、旷课)(10 分)			
2	安全规范操作(10 分)			
3	参与度、团队协作能力、沟通交流能力(10 分)			
理论知识(20 分)				
序号	评价内容	自评	互评	师评
1	机器人程序的概念(10 分)			
2	HSR-6 机器人程序的基本信息(10 分)			

技能操作（50分）				
序号	评价内容	自评	互评	师评
1	程序的新建（10分）			
2	程序的打开（20分）			
3	程序的编辑（20分）			
综合评价				

任务二　标定工具坐标系和基坐标系

任务描述

在对机器人进行写字程序示教编程之前,需要构建必要的编程环境,标定工具坐标系和基坐标系。

本任务通过工具坐标系和基坐标系的标定操作,使学生理解工具坐标系和基坐标系的含义,掌握简单的工具坐标系和基坐标系标定方法。

知识准备

一、工具坐标系的含义

工业机器人一般是通过安装在机器人末端的工具(也称末端执行器,具有模仿人手指部分动作的功能),来抓取或握紧被控对象进行操作的。

一般不同的机器人会配置不同的工具,如弧焊的机器人使用弧焊枪作为工具,而用于写字的机器人就会使用签字笔或激光笔作为工具。

工具坐标系就是用于描述安装在机器人末端的工具的位姿等参数数据,它固连于机器人末端连杆坐标系,以工具中心点(TCP)作为坐标原点。

HSR-6机器人默认工具0的TCP位于第4、5、6三个关节轴的交点,即位于机器人手腕中心点,如图2-16所示。

二、基坐标系的含义

工业机器人最终的运动和动作是通过抓取或握紧被控对象来实现的,就像数控机床的工件坐标系一样,工业机器人也可以在被控对象上建立基坐标系。

基坐标系是由用户在工件空间定义的一个笛卡儿坐标系。基坐标包括:(X,Y,Z)用来表示距基坐标系原点的位置;(A,B,C)用来表示绕X,Y,Z轴旋转的角度。

对于不包含变位机的机器人工作站,工件坐标系一般固连于机器人基坐标系。对于包含变位机的机器人工作站,基坐标系一般固连于变位机末端。

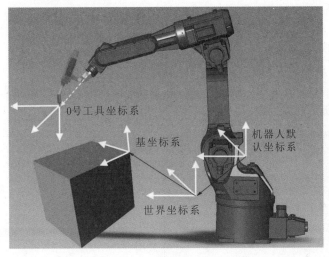

图 2-16　HSR-6 工业机器人的 0 号工具坐标系

任务实施

一、工具坐标系的标定

HSR-6 机器人控制器支持 16 个工具坐标系,从工具 1 到工具 16。

工具坐标系在使用前,一般需要进行标定,标定方法有两种:工具坐标 4 点法标定和工具坐标 6 点法标定。

1.工具坐标 4 点法标定

如图 2-17 所示,将待测量工具的 TCP 从 4 个不同方向移向一个参照点,参照点可以任意选择,机器人控制系统从不同的法兰位置值中计算出 TCP。运动到参照点所用的 4 个法兰位置必须分散开足够的距离。

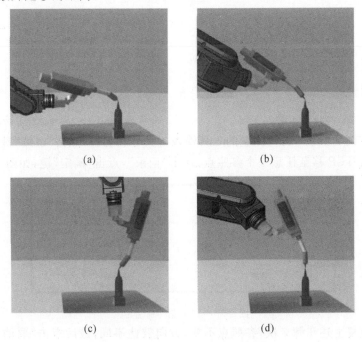

图 2-17　工具坐标 4 点标定示意图

标定前要注意：

- 要测量的工具已安装在机器人末端；
- 切换到 T1 模式。

4 点法标定的具体步骤如下。

步骤 1 在图 2-18 所示的"主菜单"界面，点击"投入运行"→"测量"→"工具"→"4 点法"，弹出图 2-19 所示的对话框。

图 2-18 "主菜单"界面   图 2-19 "4 点法"对话框

步骤 2 在图 2-19 中，为待测量的工具输入工具号和名称，点击"继续"键。

步骤 3 将 TCP 移至任意一个参照点，点击"记录"，点击"确定"键，如图 2-20 所示。

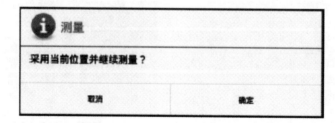

图 2-20 记录第一个点位

步骤 4 重复上述步骤 3 次，参照点不变，方向彼此不同，最后点击"取消"，弹出图 2-21 所示的对话框。

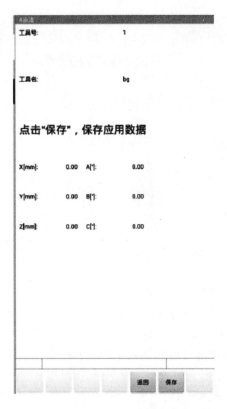

图 2-21　"4 点法"保存标定数据的对话框

步骤 5　点击"保存",标定数据被保存,工具坐标被标定,对话框关闭。

2.工具坐标 6 点法标定

4 点法标定可以确定工具坐标系的原点,但是如果要确定工具坐标系的 X、Y 方向,则须采用 6 点法标定。

标定步骤如下。

步骤 1　在菜单中,点击"投入运行"→"测量"→"工具"→"6 点法",其界面与 4 点法标定基本一致。

步骤 2　输入工具号和名称,点击"继续"。

步骤 3　将 TCP 移至任意一个参照点,点击"记录"。点击"确定"。

步骤 4　将上述步骤重复 3 次,参照点不变,方向彼此不同。

步骤 5　移动到标定工具坐标系的 Y 方向的某点,记录坐标。

步骤 6　移动到标定工具坐标系的 X 方向的某点,记录坐标。

步骤 7　点击"标定",程序计算出标定坐标值,工具坐标被标定。

步骤 8　点击"保存",标定数据被保存,对话框关闭。

二、基坐标系的标定

HSR 机器人控制器支持 16 个基坐标系,从工件 1 到工件 16。

在基坐标系标定时,需选择默认基坐标系作为标定使用的参考坐标系,如图 2-22 所示。

基坐标系标定方法为"3 点法"标定:通过记录原点、X 方向、Y 方向的 3 点,重新设定新

图 2-22　基坐标系标定选择默认基坐标系

的基坐标系。

基坐标系 3 点法标定步骤如下。

步骤 1　在图 2-23 所示的"主菜单"界面,点击"投入运行"→"测量"→"基坐标"→"3 点法",弹出图 2-24 所示基坐标系标定界面。

步骤 2　在图 2-24 中,选择待标定的基坐标号,可选设置备注名称。

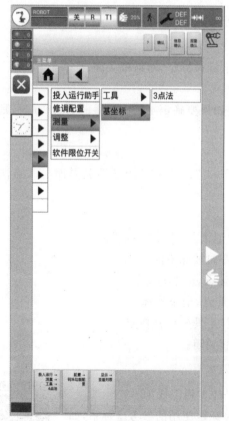

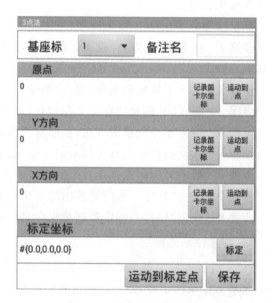

图 2-23　"主菜单"界面　　　　　　　　　图 2-24　基坐标系标定界面

步骤 3　手动移动机器人到需要标定的基坐标原点,点击"记录笛卡尔坐标",记录原点坐标。

步骤 4　手动移动到标定基坐标的 Y 方向的某点,点击"记录笛卡尔坐标",记录工件 Y 轴正方向。

步骤 5　手动移动到标定基坐标的 X 方向的某点,点击"记录笛卡尔坐标",记录工件 X 轴正方向。

步骤 6　占击"标定",程序计算出标定坐标。

步骤 7　点击"保存",存储基坐标的标定值。

步骤 8　标定完成后,点击"运动到标定点",可移动到标定坐标点。

在主菜单中选择"显示"→"变量列表",选中 BASE 寄存器界面,点击右侧"刷新",可以查看标定的相应基坐标值是否显示和准确,如图 2-25 所示,点击"保存",防止出现标定后的寄存器坐标丢失的情况。

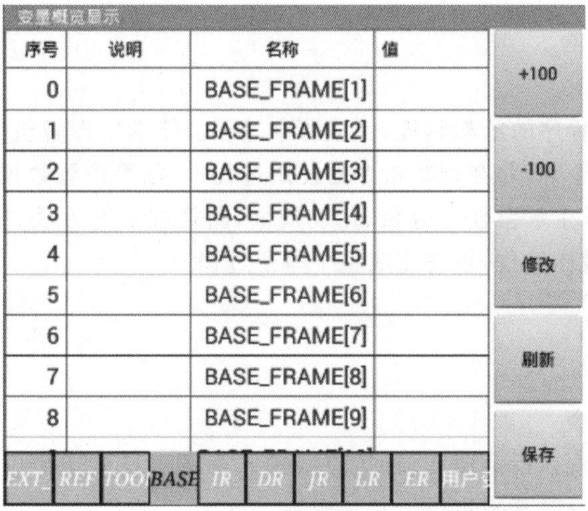

图 2-25　基坐标系显示

考核评价

任务二评价表

基本素养(30 分)					
序号	评价内容	自评	互评	师评
1	纪律(无迟到、早退、旷课)(10 分)			
2	安全规范操作(10 分)			
3	参与度、团队协作能力、沟通交流能力(10 分)			
理论知识(40 分)					
序号	评价内容	自评	互评	师评
1	工具坐标系的定义(10 分)			
2	工具坐标系的作用(10 分)			
3	基坐标系的定义(10 分)			
4	基坐标系的作用(10 分)			

技能操作（30分）				
序号	评价内容	自评	互评	师评
1	基坐标系标定（20分）			
2	工具坐标系标定（10分）			
综合评价				

任务三　示教写字程序

任务描述

本任务通过写字程序的示教编程，完成写字过程。使学生理解机器人运动指令、数字输入/输出指令、延时指令等，并在这些指令的使用过程中，熟悉位置数据、进给速度、定位路径的设置方法；同时使学生学会任务分析、运动规划、路径规划的方法；掌握程序示教、程序保存、程序加载运行的操作过程，最终完成整个写字过程。

知识准备

一、相关编程指令

1.机器人运动指令

运动指令用来实现以指定速度、特定路线模式等将工具从一个位置移动到另一个指定位置。在使用运动指令时需指定以下几项内容。

●动作类型　指定采用什么运动方式来控制到达指定位置的运动路径，机器人动作类型有三种：快速运动（MOVE）、直线运动（MOVES）、圆弧运动（CIRCLE）。

●位置数据　指定运动的目标位置。

●进给速度　指定机器人运动的进给速度。

运动指令编辑框如图 2-26 所示，图中各标签的含义如表 2-1 所示。

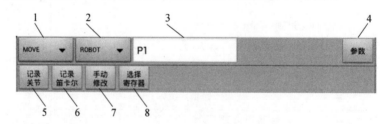

图 2-26　运动指令编辑框

表 2-1　运动指令编辑框各标签含义

编号	说明
1	选择指令，可选 MOVE、MOVES、CIRCLE 三种指令。当选择 CIRCLE 指令时，对话框会弹出两个点用于记录位置

续表

编号	说明
2	选择组,可选择机器人组或者附加轴组
3	新记录的点的名称,光标位于此处时可点击记录关节或记录笛卡儿赋值
4	参数设置,可在参数设置对话框中添加删除点对应的属性,在编辑参数后,点击"确认",将该参数对应到该点
5	将该新记录的点赋值为关节坐标值
6	将该新记录的点赋值为笛卡儿坐标
7	点击后可打开一个修改各个轴点位值的对话框,可进行单个轴的坐标值修改
8	可通过新建一个 JR 寄存器或 LR 寄存器保存该新增加点的值,可在变量列表中查找到相关值,便于以后通过寄存器使用该点的值

在程序示教过程中,使用菜单树中的"运动指令"即可添加标准的运动指令。

(1)快速定位指令(MOVE) "快速定位"是移动机器人各关节指定位置的基本动作方式。在"快速定位"方式下,控制系统独立控制各个关节同时运动到目标位置,即机器人以指定进给速度,沿着(或围绕)所属轴的方向,同时加速、减速或停止,如图 2-27 所示。工具的运动路径通常是非线性的,在两个指定的点之间任意运动。以最大进给速度的百分数作为关节定位的进给速度,其最大速度由参数设定,程序指令中只给出实际运动的倍率。关节定位过程中没有控制被驱动的工具的姿态。

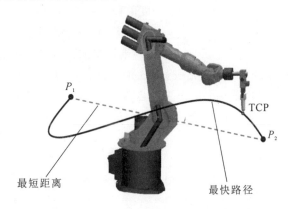

图 2-27 快速定位"MOVE"

指令语法 Move< axis> |< group> < target position> {Optional Properties}

指令参数(可选) MOVE 指令包含一系列的可选属性,如 Absolute、VelocityCruise、Acceleration、Deceleration、Jerk 等。属性设置后,仅针对当前运动有效,该运动指令行结束后,恢复到默认值。如果不设置参数,则使用各参数的默认值运动。

指令示例如下。

```
Move ROBOT # {600,100,0,0,180,0}Absolute= 1 VelocityCruise= 100

Move A1- 10 Absolute= 0 VelocityCruise= 120
```

上述示例中,第 1 行 MOVE 指令使用绝对值编程方式(Absolute=1),控制对象为 RO-BOT 组,并且设定了 ROBOT 的运行速度为 100°/s,其目标位置为笛卡儿坐标下的 #{600,

100,0,0,180,0}。

第 2 行 MOVE 指令使用相对值的方式编程（Absolute＝0），单独控制 A_1 轴进行运动，目标位置基于当前位置向负方向偏移了 10°。

MOVE 指令用于选择一个点位之后，当前点机器人位置与选择点之间的任意运动，运动过程中不进行轨迹控制和姿态控制。

在程序中添加 MOVE 指令的操作步骤如下。

步骤 1 标定需要插入的行的上一行。

步骤 2 选择"指令"→"运动指令"→"MOVE"。

步骤 3 选择机器人轴或附加轴。

步骤 4 输入点位名称，即新增点的名称。

步骤 5 配置指令的参数。

图 2-28 直线运动"MOVES"（TCP 沿着一条直线运动）

步骤 6 手动移动机器人到需要的姿态或位置。

步骤 7 选中输入框，点击"记录关节"或"记录笛卡儿坐标"。

步骤 8 点击操作栏中的"确定"，添加 MOVE 指令完成。

（2）直线运动指令（MOVES） 直线运动指令控制 TCP 沿直线轨迹运动到目标位置，其速度由程序指令直接指定，单位可为 mm/s、cm/min 或 inch/min。通过区别起点和终点时的姿态，来控制被驱动的工具的姿态，如图2-28所示。

指令语法 Move < robot> < target position> {Optional Properties}

指令参数（可选） MOVES 可选属性包含 Vtran、Atran、Dtran、Vrot、Arot、Drot 等。属性设置后，仅针对当前运动有效，该运动指令行结束后，恢复到默认值。如果不设置参数，则使用各参数的默认值运动。

指令示例如下。

```
Moves ROBOT# {425,70,55,90,180,90} Absolute= 1 Vtran= 100 Atran= 80 Dtran= 100
Moves ROBOT {- 10, 0, 0, 0, 0, 0} Absolute= 0 Vtran= 120 Atran= 80 Dtran= 80
```

上述示例中，第 1 行指令控制机器人 ROBOT 从当前位置开始，以直线的方式运动到笛卡儿坐标位置♯{425，70，55，90，180，90}，Absolute＝1 表示指令中使用的坐标为绝对值坐标，Vtran 设定了机器人的运行速度为 100mm/s，Atran 和 Dtran 分别设置了机器人的加速度与负加速度的大小。

MOVES 指令用于选择一个点位之后，当前点机器人位置与记录点之间的直线运动。

在程序中添加 MOVES 指令的操作步骤如下。

步骤 1 标定需要插入的行的上一行。

步骤 2 选择"指令"→"运动指令"→"MOVES"。

步骤 3 选择机器人轴或附加轴。

步骤 4 输入点位记录，即新增点的名称。

步骤 5 配置指令的参数。

步骤 6　手动移动机器人到需要的姿态或位置。

步骤 7　选中输入框,点击"记录关节"或"记录笛卡儿坐标"。

步骤 8　点击操作栏中的"确定",添加 MOVES 指令完成。

（3）圆弧运动指令（CIRCLE）　圆弧运动指令控制 TCP（工具中心点）沿圆弧轨迹从起始点经过中间点移动到目标位置,中间点和目标点在指令中一并给出,其速度由程序指令直接指定,单位可为 mm/s、cm/min 或 in/min。通过区别起点和终点时的姿态来控制被驱动的工具的姿态,如图 2-29 所示。

指令语法　`Circle < group> CirclePoint= < vector> TargetPoint= {< vector> } {Optional Property}`

指令参数（可选）　CIRCLE 指令可选属性包含 Vtran、Atran、Dtran、Vrot、Arot、Drot 等。属性设置后,仅针对当前运动有效,该运动指令行结束后,恢复到默认值。如果不设置参数,则使用各参数的默认值。

指令示例如下。

```
Move ROBOT # {400,300,0,0,180,0} Vcruise= 100
Circle ROBOT CirclePoint= # {500,400,0,0,180,0} TargetPoint= # {600,300,0,180,0}
Vtran= 100
```

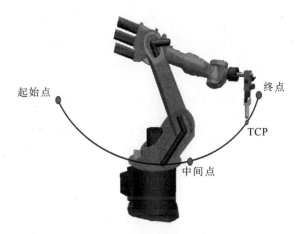

图 2-29　CIRCLE 圆弧运动（TCP 沿着圆弧向结束点移动）

上述示例中,第 1 行指令定义编程点位都为绝对位置,第 2 行指令运动机器人到 #{400,300,0,0,180,0}的位置,然后以该位置为起点,在 XY 平面上进行圆弧运动。

（4）运动参数　运动指令的运动参数如表 2-2 所示。

表 2-2　运动指令的运动参数

名称	说明	备注
Vcruise	速度	用于 MOVE
Acc	加速比	用于 MOVE
Dec	减速比	用于 MOVE
Vtran	速度	用于 MOVES
Atran	加速比	用于 MOVES
Dtran	减速比	用于 MOVES
Abs	1—绝对运动;0—相对运动	

MOVE 指令控制机器人进行关节运动,MOVES 和 CIRCLE 指令则控制机器人进行笛卡儿空间的插补运动(直线、圆弧)。MOVE 指令相对于 MOVERS 及 CIRCLE 指令来说,其优点是可以让机器人拥有更快的移动速度,缺点是该指令只能确保机器人到目标点的位置,不能控制机器人在运行过程中的轨迹;而 MOVERS 和 CIRCLE 指令能对机器人进行精确的轨迹及姿态控制,但是这两条指令的运行速度较 MOVE 指令来说会慢一些。

因此,在运动空间比较开阔,较少障碍物的情况下,使用 MOVE 指令控制机器人运动;在需要精确控制机器人运动轨迹,例如进入某一狭小空间操作时,使用 MOVES 或 CIRCLE 指令控制机器人运动轨迹会更安全。

2.机器人延时指令

(1) DELAY　DELAY 指令用来延时机器人的运动,最小延时时间为 2,单位为 ms。

指令语法　Delay < motionelement> < delaytime>

指令示例如下。

```
program
with ROBOT
    Attach ROBOT
        Move ROBOT P2
        Delay ROBOT 2                    '延时 2ms
        Print"ROBOT IS STOPPED"
    Detach
end with
end program
```

(2) SLEEP　SLEEP 指令的作用是延时程序(任务)的执行,最短延时时间为 1,单位为 ms。

指令语法　Sleep < time>

指令示例如下。

```
program
with ROBOT
    Attach ROBOT
      D_OUT[25]= ON
      Sleep 100                    '延时 100ms
      D_OUT[25]= OFF
    Detach
end with
end program
```

(3) DELAY 与 SLEEP 的用法　在 SHR-6 工业机器人的控制系统中,存在运动指令(MOVE、MOVES、CIRCLE)和非运动指令(除运动指令之外的指令)两种类型的指令。这两种指令是并行执行的,并非执行完一条指令后再执行下一条,如下列程序。

```
MOVE ROBOT P1
D_OUT[30]= ON
```

为了解决这个问题,需要控制系统执行完第 1 条指令后再执行下一条指令,此时就用到 DELAY 指令,即等待运动对象 ROBOT 完成运动后再进行延时动作。所以上述程序应该改为

```
MOVE ROBOTP1
DELAY ROBOT2
D_OUT[30]= ON
```

SLEEP指令通常有两种应用场合。

第一种是在循环中使用,请看如下例子。

```
WHILE D_IN[30] < > ON
SLEEP 10
END WHILE
```

这个例子是等待D_IN[30]的信号,若无信号则持续循环,等到信号后结束循环向下执行。由于循环中要一直扫描D_IN[30]的值,所以循环体中必须加入SLEEP指令,否则控制器CPU过载,容易出现异常报警。

SLEEP应用的第二种场合是输出脉冲信号,请看如下例子。

```
D_OUT[30]= ON
SLEEP 100
D_OUT[30]= OFF
```

上述例子中,D_OUT[30]输出1个宽度为100 ms的脉冲信号,其中必须加SLEEP指令,否则脉冲宽度太短,导致实际上没有任何脉冲信号输出。

任务实施

要完成写字程序的示教编程,需经过4个主要环节,包括运动规划、示教前的准备、示教编程、程序测试。

运动规划是分层次的,先从高层的任务规划,动作规划再到手部的路径规划。任务规划将任务分解为一系列子任务;动作规划将每一个子任务分解为一系列动作;路径规划将每一个动作,分解为手部的运动轨迹。

示教前需要调试好工具和工件,并设定工具和基坐标系,这个已在任务二中介绍。

示教编程时,需使用示教器控制机器人到达目标点,然后才示教取点。

程序编好后,必须进行测试,测试完后后,才能将程序用于写字。

一、运动规划

机器人写字动作可分解成"起笔上方""下笔""抬笔"等一系列子任务,可以进一步分解为"移到写字板上方""移动贴近写字板""下笔在写字板上""抬笔到安全位置"等一系列动作。

二、示教前的准备

示教过程中,需要在一定的坐标模式(轴坐标、世界坐标、基坐标、工具坐标)下,选择一定的运动方式(T1和T2),手动控制机器人到达一定的位置。

因此,在示教运动指令前,必须设定好坐标模式和运动模式,如果坐标模式为工具坐标或基坐标模式时,还需选定相应的坐标系(即任务二中设置或标定的坐标系)。

三、示教编程

为实现写字功能,在完成任务规划、动作规划、路径规划后,就可确定写字板放置区的位置,开始对机器人写字进行示教编程。

为了使机器人能够进行再现,就必须用机器人的编程命令,将机器人的运动轨迹和动作编成程序,即示教编程。利用工业机器人的手动控制功能完成写字动作,并记录机器人的动作。

四、程序测试

在程序编写完成后,在首次运行程序之前,应该先测试程序,以保证程序的正常运行。程序的编写和运行难以避免地会遇到错误,相关错误信息都将在示教器界面上方的信息栏中显示。根据提示的相关错误信息,可以排查错误。

对于程序中的语法问题,在测试时将会进行语法检查。发现错误后,系统将在信息栏提示错误信息,并在短暂停留后自动退出测试,整个过程中程序无法被启动。更为普遍的错误情况是:程序通过了语法检查,但是在运行过程中会出现错误,如位置无法到达、加速度超限等。这通常是因位置信息、运动参数等设置有误而造成的。系统在遇到运行错误时,程序将会停止在出现错误的那一行,提示信息也会指出导致运动停止的原因。

同时出现多个错误时,可以点击信息栏,下拉栏将显示出现的所有错误信息。

在点击信息栏右方的"报警确认"后,相关错误信息将被清空。为回看错误信息,可以按下"菜单"键,点击"诊断"→"运行日志"→"显示"。在运行日志内,包括提示、警告、错误都会被显示。你可以通过添加过滤器来只查看某一类别的信息。

五、参考程序

```
< begin>
'(ADD YOUR COMMON/COMMON SHARED VARIABLE HERE )全局变量在此行下添加

PROGRAM                            '程序开始
'(ADD YOUR DIM VARIABLE HERE)    局部变量在此行下添加

WITH ROBOT                         '选择华数机器人组
ATTACH ROBOT                       '绑定机器人
ATTACH EXT_AXES                    '绑定外部轴
WHILE TRUE                         '无条件循环
'(WRITE YOUR CODE HERE)程序在此行下添加

MOVE ROBOT JR[1]                   '回原点

MOVE ROBOT P1                      '第 1 笔起笔上方
MOVES ROBOT P2                     '第 1 笔起笔
MOVES ROBOT P3                     '第 1 笔尾
MOVES ROBOT P4                     '提笔

MOVES ROBOT P5                     '第 2 笔起笔上方
MOVES ROBOT P6                     '第 2 笔起笔
MOVES ROBOT P7                     '第 2 笔尾
MOVES ROBOT P8                     '提笔

MOVES ROBOT P9                     '第 3 笔起笔上方
MOVES ROBOT P10                    '第 3 笔起笔
CIRCLE ROBOT CIRCLEPOINT= P11 TARGETPOINT= P12  '笔画"乚"圆弧
MOVES ROBOT P13                    '提笔
```

```
MOVES ROBOT P14              '第 4 笔起笔上方
MOVES ROBOT P15              '第 4 笔起笔
MOVES ROBOT P16              '竖
MOVES ROBOT P17              '弯
MOVES ROBOT P18              '勾
MOVES ROBOT P19              '提笔

MOVES ROBOT P20              '第 5 笔起笔上方
MOVES ROBOT P21              '第 5 笔起笔
MOVES ROBOT P22              '第 5 笔尾
MOVES ROBOT P23              '提笔

MOVES ROBOT P24              '第 6 笔起笔上方
MOVES ROBOT P25              '第 6 笔起笔
MOVES ROBOT P26              '第 6 笔尾
MOVES ROBOT P27              '提笔

MOVE ROBOT JR[1]             '回原点

SLEEP 100                    '延时 100 ms,CPU 休眠
END WHILE                    '循环结束
DETACH ROBOT                 '解除机器人绑定
DETACH EXT_AXES              '解除外部轴绑定
END WITH                     '结束机器人组选择
END PROGRAM                  '程序结束
< end>
```

考核评价

任务三评价表

基本素养(30 分)			
序号	评价内容	自评	互评	师评
1	纪律(无迟到、早退、旷课)(10 分)			
2	安全规范操作(10 分)			
3	参与度、团队协作能力、沟通交流能力(10 分)			
理论知识(30 分)			
序号	评价内容	自评	互评	师评
1	MOVE、MOVES、CIRCLE 运动指令格式(15 分)			
2	合理进行运动规划(15 分)			

技能操作（40 分）				
序号	评价内容	自评	互评	师评
1	独立完成写字程序的编制（10 分）			
2	使用示教器控制机器人到达示教位置（10 分）			
3	独立完成写字运动位置数据记录（10 分）			
4	程序测试（10 分）			
综合评价				

任务四　运行写字程序

任务描述

本任务主要是对已经示教完成的写字程序，进行程序测试、自动运行等操作，实现机器人程序的示教再现。

任务实施

一、程序启动

1. 选择程序运行方式

操作步骤如下。

步骤 1　如图 2-30 所示，触摸状态显示程序运行方式，程序运行方式窗口打开。

步骤 2　选择所需的程序运行方式（程序运行方式的含义如表 2-3 所示）。

步骤 3　应用选定的程序运行方式，点击窗口以外的位置退出窗口。

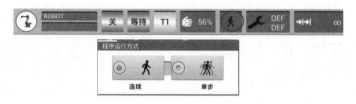

图 2-30　程序运行方式界面

表 2-3　程序运行方式的含义

程序运行方式	说明
连续	程序不停顿地运行，直至程序结尾
单步	每次点击"开始"按钮之后程序只运行一行

2. 设定程序倍率

程序倍率用于调整程序进程中机器人运行的速度。程序倍率以百分数表示，以已编程的速度为基准，如图 2-31 所示。

> 在运行方式手动T1中，最大速度为125mm/s；在运行方式手动T2时，最大速度为250mm/s

图 2-31　手动运行方式

3.打开/关闭使能

驱动装置的状态将显示在状态栏中，也可在此处打开或关闭驱动装置（也称打开或关闭使能）。在手动方式下，可使用安全开关打开或关闭使能；在自动方式下，通过点击"使能设置"打开或关闭使能。如图 2-32 所示。

图标	颜色	信息	说明
等待	灰色	等待	未加载程序，等待状态
准备	棕色	准备	加载程序，未开始运行状态
运行	绿色	运行	点击"运行"，程序开始运行
错误	红色	错误	运行时出现错误
停止	灰色	停止	点击"停止"，结束程序运行

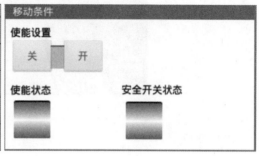

图 2-32　使能状态显示

4.加载程序并启动

如图 2-33 所示，加载示教程序。

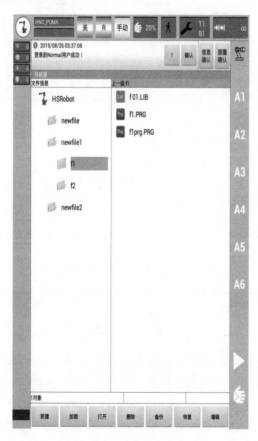

图 2-33　示教程序加载界面

程序执行完毕,结果如图 2-34 所示。

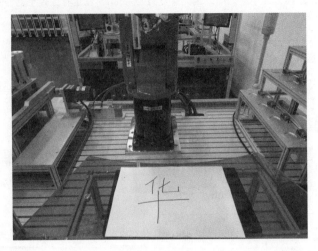

图 2-34 程序完成示意图

考核评价

任务四评价表

基本素养(30 分)				
序号	评价内容	自评	互评	师评
1	纪律(无迟到、早退、旷课)(10 分)			
2	安全规范操作(10 分)			
3	参与度、团队协作能力、沟通交流能力(10 分)			
理论知识(20 分)				
序号	评价内容	自评	互评	师评
1	正确加载程序(10 分)			
2	正确运行程序(10 分)			
技能操作(50 分)				
序号	评价内容	自评	互评	师评
1	试运行程序,并对程序进行适当修改(25 分)			
2	操作机器人运行程序,实现写字示教再现(25 分)			
综合评价				

项 目 小 结

　　本项目通过工业机器人在写字中的实际应用,主要学习了工业机器人运动方式的设计。在指令应用方面,对运动指令、延时指令进行了说明,并结合应用实例进行讲解。在技能学习方面,主要操作了设定工具坐标系、编辑写字程序、保存写字程序,以及以不同方式运行写字程序等,使操作者能够记住工业机器人编程指令,从而完成工业机器人在写字或标记中的实际应用。

思考与练习

一、填空题

1. 程序的基本信息包括那些：_____。

2. 机器人的运动类型有三种,分别是_____、_____、_____。

3. 要完成写字程序的示教编程,要经过哪几个主要工作环节,包括_____。

4. 使用运动指令时需指定的几项内容包括：_____。

5. 用于保存位置数据的变量称_____,位置变量的取值范围为_____,用_____表示。

6. 用于存放位置数据的寄存器称_____,该寄存器的编号区间从_____到_____,用_____表示。

二、选择题

1. 在 MOVE ROBOT P1 指令中,其中 MOVE 的含义是(   )。

A. 直线运行   B. 圆弧运行   C. 关节定位   D. 坐标定位

2、SLEEP 100 指令的含义是(   )。

A. 等待指令   B. 停止指令   C. 开始指令   D. 循环指令

3、工业机器人控制系统共有(   )个工具坐标系。

A. 8 个   B. 16 个   C. 20 个   D. 24 个

三、解答题

1. 编写"中"字的工业机器人的写字程序。

2. 简述机器人的三种运动类型及各参数的含义。

3. 以 MOVE 或 MOVES 指令为例,简述示教写字过程某一示教点的示教过程。

项目三　HSR-6 工业机器人搬运操作与编程

项目描述

搬运机器人广泛应用于汽车整车及汽车零部件、工程机械、轨道交通、低压电器、电力、IC 装备、军工、烟草、金融、冶金及印刷出版等众多行业,用于机床上下料、冲压机自动化生产线、自动化装配流水线、码垛搬运、集装箱自动化搬运等生产环节,以提高生产效率、节省劳动力成本、提高定位精度并降低搬运过程中产品损坏率。搬运机器人对精度的要求相对低一些,但承载能力较强,运动速度较高。

本项目通过对 HSR-6 工业机器人搬运操作与编程的学习,使学生能对相关编程指令、示教器的相关操作有系统的了解和认识,达到对机器人搬运作业的操作、编程及维护的能力。

项目目标

- 能理解工业机器人程序的概念。
- 能掌握工业机器人的搬运相关编程指令及相关参数。
- 能使用示教器进行工业机器人的常用操作。
- 能使用工业机器人编程指令正确编制搬运控制程序。

能力目标

- 能根据搬运任务进行工业机器人运动规划。
- 能灵活运用工业机器人的相关编程指令,使用示教器完成搬运程序的示教。
- 能完成搬运程序的调试和自动运行。

任务一　示教搬运程序

任务描述

本任务通过搬运程序的示教编程,实现工件的搬运过程。使学生理解机器人运动指令、IO 指令、延时指令等,并在这些指令的使用过程中,熟悉位置数据、定位路径的设置过程;同时使学生学会任务分析、运动规划、路径规划的方法;掌握程序示教、程序保存、程序加载运行的操作过程,最终完成工件的整个搬运过程。

知识准备

一、搬运相关编程指令

1.程序控制指令

程序控制指令在新建程序时自动添加到程序文件中,通常情况下,用户无须修改。表

3-1所示为机器人中的程序控制指令。

表 3-1 程序控制指令

指令	说明
Program	程序开始
End program	程序结束
With	引用机器人名称
End with	结束引用机器人名称
Attach	绑定机器人
Detach	结束绑定

2. 运动指令

运动指令包括了点位之间的运动 MOVE 和 MOVES,以及画圆弧的 CIRCLE 指令。

(1) MOVE 指令。

MOVE 指令格式　Move ROBOT P[i]

P[i]——位置数据,指定运动的目标位置。

MOVE 指令用于选择一个点位之后,当前点机器人位置与选择点之间的任意运动,运动过程中不进行轨迹控制和姿态控制。

(2) MOVES 指令。

MOVES 指令格式　Moves ROBOT P[i]

P[i]——位置数据,指定运动的目标位置。

MOVES 指令用于选择一个点位之后,当前点机器人位置与记录点之间的直线运动。

(3) CIRCLE 指令。

CIRCLE 指令格式　Circle ROBOT Circlepoint= P[i] Targetpoint= P[i+ 1]

P[i]和 P[i+1]——位置数据,指定中间点和目标点。

该指令为走圆弧指令,机器人示教圆弧的当前位置与选择的两个点形成一个圆弧,即三点画圆。

运动指令的参数如表 3-2 所示。

表 3-2 运动指令的参数

名称	说明	备注
Vcruise	速度(>0)	用于 MOVE
Acc	加速比(>0)	用于 MOVE
Dec	减速比(>0)	用于 MOVE
Vtran	速度(>0)	用于 MOVES
Atran	加速比(>0)	用于 MOVES
Dtran	减速比(>0)	用于 MOVES
Abs	1—绝对运动;0—相对运动	

3. IO 指令

IO 指令包括 D_IN 指令、D_OUT 指令、WAIT 指令。D_IN、D_OUT 指令可用于给当前 IO 赋值为 ON 或 OFF,也可用于在 D_IN 和 D_OUT 之间传值;WAIT 指令用于阻塞等待一个指定 IO 信号,可选 D_IN 和 D_OUT。

IO 指令格式及参数如表 3-3 所示。

表 3-3　IO 指令格式及参数说明

指令	参数说明
D_IN[value]=ON/OFF	value 为常数
D_ OUT[value]=ON/OFF	value 为常数

如

```
D_OUT[19]= ON    '真空发生打开(D_OUT 指令给当前 IO 赋值为 ON,使真空吸盘打开)
D_OUT[20]= OFF    '真空破坏打开
DELAY ROBOT 200
CALL WAIT(D_IN[17],ON)    '真空反馈打开(WAIT 指令用于等待真空反馈信号)
```

4. 延时指令

延时指令包括针对运动指令的 DELAY 指令和非运动指令的 SLEEP 指令两种。

二、I/O 配置

本任务中使用气动吸盘来吸取工件,气动吸盘的打开与关闭需通过 I/O 信号控制。

HSR-6 工业机器人控制系统提供了完备的 I/O 通信接口,可以方便地与周边设备进行通信。I/O 配置主要是对这些输入/输出状态进行管理和设置。在工程应用中,可依据现场情况进行设计和编程。

在本任务中,使用 D_OUT[19]、D_OUT[20]、D_IN[17] 等 IO 信号,具体配置如表 3-4 所示。

表 3-4　IO 信号表

序号	地址	状态	符号说明	控制指令
1	D_OUT[19]	ON/OFF	真空发生打开/关闭	D_OUT[19]= ON/OFF
2	D_OUT[20]	ON/OFF	真空破坏打开/关闭	D_OUT[20]=ON/OFF
3	D_IN[17]	ON/OFF	真空反馈打开/关闭	D_IN[17]=ON/OFF

任务实施

要完成搬运程序的示教编程,要经过 4 个主要工作环节,包括运动规划、示教前的准备、示教编程、程序测试,如图 3-1 所示。

运动规划是分层次的,先高层的任务规划、动作规划,再手部的路径规划。任务规划将任务分解为一系列子任务;动作规划将每一个子任务分解为一系列动作;路径规划将每一个动作分解为手部的运动轨迹。

示教前需要调试好工具和工件,并设定相应坐标系,示教前还得根据所需要的控制信号配置 I/O 接口信号。

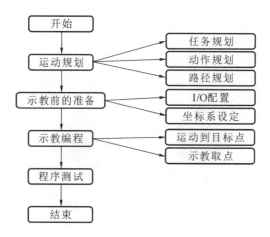

图 3-1　任务实施

示教编程时,需使用示教器控制机器人运动到目标点,然后才能示教取点。

程序编好后,必须进行测试。测试完后,才能将程序用于生产搬运。

一、运动规划

机器人搬运动作可分解成吸取工件、移动工件、放置工件等一系列子任务,还可以进一步分解为"移至工件上方""移动贴近工件""打开吸盘夹取工件""移动吸盘抬起工件""移动到放置点""放置工件"等一系列动作。如图 3-2 所示。

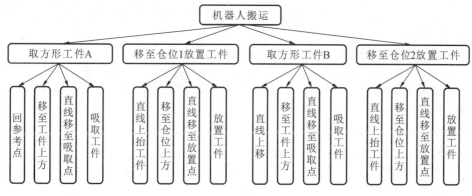

图 3-2　运动规划

2. 示教搬运编程

搬运任务:将码垛操作台上的方形工件 A 和方形工件 B 依次搬运至指定的位置 1 和位置 2 上,然后回到参考点,如图 3-3 和图 3-4 所示。完成一个工件的吸取和放置运动规划简图如图 3-5 所示。

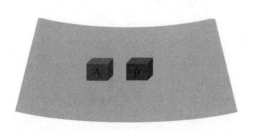

图 3-3　码垛操作台

图 3-4　立体仓库

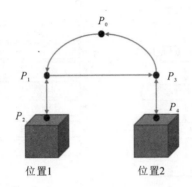

吸取工件的路径流程：$P_0 \xrightarrow{\text{MOVE}} P_1 \xrightarrow{\text{MOVES}} P_2 \xrightarrow{\text{MOVES}} P_1$

放置工件的路径流程：$P_1 \xrightarrow{\text{MOVE}} P_3 \xrightarrow{\text{MOVES}} P_4 \xrightarrow{\text{MOVES}} P_3$

图 3-5　运动规划简图

　　为使机器人的动作能够进行再现，就必须使用机器人的编程指令，将机器人的运动轨迹和动作记录下来编成程序，即示教编程。利用工业机器人的手动控制功能完成工件的搬运动作，并记录机器人的动作。过程示教同写字程序，不再赘述。

　　三、参考程序

```
'(ADD YOUR COMMON/COMMON SHARED VARIABLE HERE )  全局变量在此行下添加
PROGRAM                          '程序开始
'(ADD YOUR DIM VARIABLE HERE )   局部变量在此行下添加
WITH ROBOT                       '选择华数机器人组
ATTACH ROBOT                     '绑定机器人
ATTACH EXT_AXES                  '绑定外部轴
WHILE TRUE                       '无条件循环
'(WRITE YOUR CODE HERE)   程序在此行下添加
MOVE ROBOT P0                    '回参考点
MOVE ROBOT P1                    '移至过渡点
MOVES ROBOT P2                   '工件 A 吸取点
DELAY ROBOT 1000                 '工件 A 吸取点到位后再开真空
D_OUT[19]= ON                    '真空发生打开吸取工件 A
D_OUT[20]= OFF                   '真空破坏关闭
CALL WAIT(D_IN[17],ON)           '真空反馈打开
MOVES ROBOT P3                   '吸取工件 A 上方
MOVE ROBOT P4                    '移至过渡点
MOVES ROBOT P5                   '放置位(位置 1)
DELAYROBOT 1000                  '工件 A 到位后再关真空
D_OUT[19]= OFF                   '真空发生关闭放置工件 A
D_OUT[20]= ON                    '真空破坏打开
CALL WAIT(D_IN[17],OFF)          '真空反馈关闭
MOVES ROBOT P6                   '位置 1 上方
```

```
MOVE ROBOT P7              '移至过渡点
MOVES ROBOT P8             '工件 B 吸取点
DELAY ROBOT 1000           '工件 B 吸取点到位后再开真空
D_OUT[19]= ON              '真空发生打开吸取工件 B
D_OUT[20]= OFF             '真空破坏关闭
CALL WAIT(D_IN[17],ON)     '真空反馈打开
MOVES ROBOT P9             '吸取工件 B 上方
MOVE ROBOT P10             '移至过渡点
MOVES ROBOT P11            '放置位(位置 2)
DELAYROBOT 1000            '工件 B 到位后再关真空
D_OUT[19]= OFF             '放置工件 B
D_OUT[20]= ON              '真空破坏打开
CALL WAIT(D_IN[17],OFF)    '真空反馈关闭
MOVES ROBOT P12            '位置 2 上方
MOVE ROBOT P13             '回参考点
SLEEP 100                  '延时 100 ms,CPU 休眠
END WHILE                  '循环结束
DETACH ROBOT               '解除机器人绑定
DETACH EXT_AXES            '解除外部轴绑定
END WITH                   '结束机器人组选择
END PROGRAM                '程序结束
```

考核评价

任务一评价表

基本素养(30 分)			
序号	评价内容	自评	互评	师评
1	纪律(无迟到、早退、旷课)(10 分)			
2	安全规范操作(10 分)			
3	参与度、团队协作能力、沟通交流能力(10 分)			
理论知识(30 分)			
序号	评价内容	自评	互评	师评
1	指令(15 分)			
2	合理进行运动规划(15 分)			
技能操作(40 分)			
序号	评价内容	自评	互评	师评
1	独立完成搬运程序的编制(15 分)			
2	使用示教器控制机器人到达示教位置(15 分)			
3	独立完成搬运运动位置数据记录(10 分)			
综合评价				

任务二　运行搬运程序

任务描述

本任务主要是对已经示教完成的搬运程序,进行程序测试、自动运行等操作,实现机器人搬运程序的示教再现。

任务实施

一、手动运行程序

手动运行程序的步骤如下。

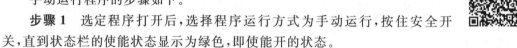

步骤 1　选定程序打开后,选择程序运行方式为手动运行,按住安全开关,直到状态栏的使能状态显示为绿色,即使能开的状态。

步骤 2　按下启动按钮,安全开关不能松,根据程序的运行方式为单步或连续,程序开始运行。

步骤 3　停止时,松开安全开关或用力按下急停开关,或者按下停止按钮。

二、自动运行程序

自动运行程序的步骤如下。

步骤 1　选定程序打开后,将程序运行方式调到自动运行方式(不是外部方式),切换运动方式时会自动设置为连续运行。

步骤 2　点击状态栏使能按钮,打开使能按钮,直到状态栏的使能状态变为绿色,即使能开的状态。

步骤 3　按下开始按钮,程序开始执行。

步骤 4　自动运行时,按下停止按钮停止程序运行。

三、运行程序结果

程序执行结果如图 3-6 所示。

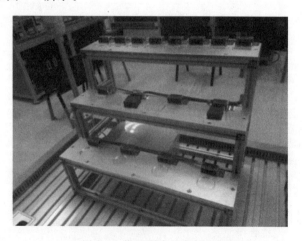

图 3-6　搬运程序运行结果

考核评价

任务二评价表

基本素养(30分)				
序号	评价内容	自评	互评	师评
1	纪律(无迟到、早退、旷课)(10分)			
2	安全规范操作(10分)			
3	参与度、团队协作能力、沟通交流能力(10分)			
理论知识(20分)				
序号	评价内容	自评	互评	师评
1	正确测试程序(10分)			
2	正确运行程序(10分)			
技能操作(50分)				
序号	评价内容	自评	互评	师评
1	手动运行程序,并对程序进行适当修改(25分)			
2	操作机器人运行程序实现搬运示教再现(25分)			
综合评价				

项 目 小 结

本项目通过工业机器人在搬运中的实际应用,主要学习了工业机器人运动方式的设计;在指令应用方面,对运动指令、IO指令、延时指令等进行了说明,并结合应用实例进行讲解。在技能学习上,主要操作了示教搬运程序、保存搬运程序及用不同方式运行搬运程序等,使操作人员能够记住工业机器人编程指令,以及示教编程步骤,从而掌握工业机器人在搬运生产中的实际应用。

思考与练习

一、填空题

1.工业机器人常用的编程指令有_____、条件指令、程序控制指令、_____、循环指令、_____。

3.完成搬运程序的示教编程,要经过4个主要工作环节,包括 _____;_____;_____;_____。

二、简答题

MOVE指令和MOVES指令的区别是什么?

项目四　HSR-6 工业机器人码垛操作与编程

项目描述

码垛机器人广泛应用于物流、食品、医药等领域，以提高生产效率、节省劳动力成本、提高定位精度并降低码垛过程中的产品损坏率。

本项目通过码垛算法，利用 HSR-6 工业机器人实现立体仓库取料码垛任务。通过码垛程序的设计及调试，实现项目从任务分析、运动规划、路径规划到编程调试的过程，达到对机器人码垛操作与编程的目的，学习码垛算法的实现。

通过本项目的学习，使学生学会码垛算法，通过码垛算法实现工业机器人具体码垛任务，最终完成整个码垛过程。

项目目标

- 掌握工业机器人码垛相关编程指令。
- 掌握工业机器人码垛算法，实现码垛编程。
- 能正确使用工业机器人相关编程指令及码垛算法编制码垛控制程序。

能力目标

- 能根据码垛任务进行工业机器人的运动规划。
- 能灵活运用工业机器人的相关编程指令，掌握码垛算法。
- 能利用码垛算法完成码垛程序编制。

任务一　码垛程序算法介绍

任务描述

本任务通过码垛案例，介绍算法实现码垛程序的方法。如图 4-1 所示，要完成依次从仓库中取料后放置余料盒这个动作，使用一般的搬运方法编程需要示教的点位很多，步骤烦琐。该项目将通过算法编制程序，只示教较少的点就能完成任务。

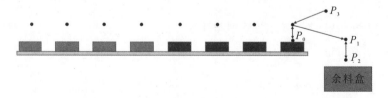

图 4-1　仓库取料后放置余料盒

任务实施

一、单排取料示教编程及计算方式

如图 4-2 所示，仓位中心与相邻仓位中心点的距离相同，均为 60 mm，如果已知所求仓位号为 a，就可以根据各仓位中心点之间距离为 60 mm，得到仓位号 a 与第 0 个仓位之间的距离为 $60 \times a$(mm)，这样只示教 P_0 点，然后依次改变 a 的值，每次都对仓库相应坐标方向增加一个 $60 \times a$(mm)的增量，就可得到到其余点位的坐标，无须示教多个点。

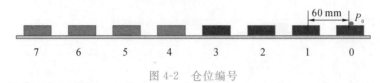

图 4-2　仓位编号

如已知仓位 0 的坐标值为 LR[101](X0,Y0,Z0,A0,B0,C0)，可根据仓位 0 的坐标得到仓位 4 的坐标为 LR[104]＝LR[101]＋#{4 * 60,0,0,0,0,0}，（仓位 0 正上方的坐标值直接修改 Z 轴 Z_0 坐标值即可）。

从仓库取料后放置余料盒示教编程实现如下。

```
'（ADD YOUR COMMON/COMMON SHARED VARIABLE HERE ）全局变量在此行下添加
PROGRAM                       '程序开始
'（ADD YOUR DIM VARIABLE HERE ） 局部变量在此行下添加
WITH ROBOT                    '选择机器人组
ATTACH ROBOT                  '绑定机器人
ATTACH EXT_AXES               '绑定外部轴
WHILE TRUE                    '无条件循环
'（WRITE YOUR CODE HERE） 程序在此行下添加
IR[2]= 0                      '循环变量初始化
WHILE IR[2]< 8
'循环条件,矩形取料位共有 7 个,当编号从 0 依次加 1,加到 7,动作完成后循环停止,取料完成
MOVE ROBOT   P3               '取料预备位置(过渡点)
MOVE ROBOT   LR[101]+ # {IR[2]* 60,0,50,0,0,0}
'取料位上方,通过循环变量依次在 X 方向加 1 并乘以仓位的间距,依次到达取料位置上方,(LR[101]存储 P0 点坐标)
MOVES ROBOT   LR[101]+ # {IR[2]* 60,0,0,0,0,0}
'取料位,通过循环变量依次在 X 方向加 1 并乘以仓位的间距,依次到达取料位置
DELAY ROBOT 100
D_OUT[19] = ON                '真空发生开启
CALL WAIT(D_IN[17],ON)        '开启真空反馈
MOVES ROBOT   LR[101]+ # {IR[2]* 60,0,50,0,0,0}   '取料位上方
MOVE ROBOT   P3               '取料预备位置(过渡点)
MOVE ROBOT   P1               '放置物料预备位置(过渡点)
MOVE ROBOT   P2               '放置物料位
DELAY ROBOT 100
D_OUT[19] = OFF               '真空发生关闭
CALL WAIT(D_IN[17],OFF)       '关闭真空反馈
MOVE ROBOT   P2               '放置物料位
```

```
SLEEP 100
IR[2]= IR[2]+ 1                    '循环变量依次加 1
END WHILE
MOVE ROBOT   JR[1]                 '回原点
SLEEP 100                          '延时 100 ms,CPU 休眠
END WHILE                          '循环结束
DETACH ROBOT                       '解除机器人绑定
DETACH EXT_AXES                    '解除外部轴绑定
END WITH                           '结束机器人组选择
END PROGRAM                        '程序结束
```

二、多排码垛示教编程及计算方式

进行物料多排码垛时,对每个码垛位置进行取点示教太过烦琐,但是若得知某一点位于第几行第几列、两码垛位之间的距离,就可以轻松通过其行号及列号计算出其以第 0 点为基准的位置坐标。

如果我们设计好码垛的垛型,并对其进行从 0 到 n 的编号(称其为位置号,注意位置号必须从 0 开始),将位置号存储到寄存器里,根据位置号再得到其位于我们设计好码垛垛型的第几排第几列,就可以轻松得到其相对于零点的 X、Y 方向增量,就解决了需要示教很多码垛位置的困难。如图 4-3 所示,将每个位置进行编号,可根据位置号得到每个位置号所在排号和列号。

以位置号 15 为例,图 4-3 所示的码垛方式一行有 7 个码垛位置,将位置号 15 存入IR[1]寄存器,寄存器 IR[2]、IR[3]分别存其行号和列号。于是:IR[2]＝IR[1]/7,得 15 号位于第 2 行,IR 为整数寄存器,IR[1]/7 得到的结果为小数的整数部分,即 2.14 的整数部分 2(注意并不是四舍五入),IR[3]＝IR[1]－IR[2]×7,求得 15 号仓位位于第 1 列。

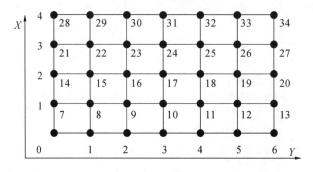

图 4-3　多排码垛位置编号

三、多层码垛示教编程及计算方式

图 4-4 所示为多层码垛,位置编号为 0～7,根据其编号,得到其层数、行号、列号的算法如下。

以位置号 7 为例,首先将第 1 层的 4 个码垛位置减掉,然后剩余的 3 个按照之前的多排方式算法处理就可以得到行号与列号。

将位置号 7 存入 IR[1]寄存器,IR[2]存储其层号,IR[5]存储其层位置号,IR[3]寄存其行号,IR[4]寄存其列号,于是有

```
IR[2]= IR[1]/4        '用 7 除以 4 得到的整数作为其层号(从零开始)
```

```
IR[5]= IR[1]- IR[2]* 4        'IR[5]保存其层位置号
IR[2]= IR[5]/2               'IR[2]为其行号
IR[3]= IR[5]- IR[2]* 2        'IR[3]为其列号
```

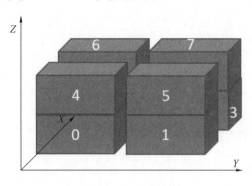

图 4-4　多层码垛位置编号

考核评价

任务一评价表

基本素养(30分)					
序号	评价内容	自评	互评	师评	
1	纪律(无迟到、早退、旷课)(10分)				
2	安全规范操作(10分)				
3	参与度、团队协作能力、沟通交流能力(10分)				
理论知识(30分)					
序号	评价内容	自评	互评	师评	
1	单排取料示教编程算法(10分)				
2	多排码垛示教编程算法(10分)				
3	多层码垛示教编程算法(10分)				
技能操作(40分)					
序号	评价内容	自评	互评	师评	
1	单排取料示教编程案例(40分)				
综合评价					

任务二　算法实现码垛程序

任务描述

本任务通过具体案例说明多排多层码垛算法的应用,通过码垛程序的示教编程,使学生理解机器人码垛算法及相关指令;同时使学生学会任务分析、运动规划、路径规划的方法;掌握算法实现码垛程序,最终完成整个码垛。

任务实施

一、码垛相关编程指令和 IO 设置

1. 运动指令

运动指令(MOVE 和 MOVES)格式

```
Move(Moves) ROBOT P[i]
```

P[i]——位置数据,指定运动的目标位置。

2. IO 指令

IO(D_IN、D_OUT、WAIT)指令格式

```
D_IN[Value]= ON/OFF        'Value,常数
Call Wait(D_IN[17],ON)
```

Call——流程指令中的子程序跳转调用指令,用于在主程序中添加子程序,关系到程序执行流程。

3. 延时指令

延时(DELAY)指令格式

```
Delay ROBOT Value
```

Value——常数或寄存器。

4. 寄存器指令

在示教程序中实现循环与条件判断时,需要一个能够寄存整数的寄存器来充当变量的作用(IR 寄存器),其中 IR[]寄存器常见语法与表达式如下。

```
IR[1]= IR[2]+ IR[3]            '减乘除同理
IR[1]= IR[1]+ 1
IR[1]= ABS(- 1)               '取绝对值
IR[2]= IR[1] MOD 5           'MOD 为取余,如 6 MOD 5= 1(注意:MOD两端需要添加空格)
```

以上为 IR 寄存器常见表达式,其中有些运算得到的值为浮点值需要存在 DR 寄存器里,如

```
DR[1]= SIN(PI/2)             'cos、tan同理,其中括号内为弧度值
DR[1]= SQRT(100)            '开方
```

5. 手动指令

有些复杂程序命令行不能直接添加相对应的指令直接输入,这时就要用到手动输入指令,手动输入需要的命令行内容,如

```
Move ROBOT LR[9]+ # {0,IR[6]* 30,0,0,0,0}
```

6. IO 设置

码垛示教所需的 IO 如表 4-1 所示。

表 4-1　码垛示教 IO 表

序号	地址	状态	符号说明	控制指令
1	D_OUT[19]	ON/OFF	真空发生打开/关闭	D_OUT[19]= ON/OFF
2	D_OUT[20]	ON/OFF	真空破坏打开/关闭	D_OUT[20]= ON/OFF
3	D_IN[17]	ON/OFF	打开真空反馈/ 关闭真空反馈	D_IN[17]=ON/OFF

二、示教码垛编程

本项目的码垛任务是依次从仓库中取 8 个矩形工件在码垛操作台上进行多排多层码垛操作，垛型如图 4-5 所示，然后回到参考点。

图 4-5　码垛垛型

为使工业机器人的动作能够再现，就必须使用机器人的编程指令，将机器人的运动轨迹和动作编成程序，即示教编程。利用工业机器人的手动控制功能完成工件的码垛动作，并记录机器人的动作，通过码垛算法吸取工件的位点和放置工件的位点都只需要示教一个即可，其余工件位点均可通过算法计算出来。

算法实现码垛参考程序如下。

```
'(ADD YOUR COMMON/COMMON SHARED VARIABLE HERE )  全局变量在此行下添加
PROGRAM                                         '程序开始
'(ADD YOUR DIM VARIABLE HERE )   局部变量在此行下添加
WITH ROBOT                                      '选择华数机器人组
ATTACH ROBOT                                    '绑定机器人
ATTACH EXT_AXES                                 '绑定外部轴
WHILE TRUE                                      '无条件循环
'(WRITE YOUR CODE HERE)   程序在此行下添加
IR[2]= 0                                        '变量初始化
WHILE IR[2]< 8                                  '循环条件
MOVE ROBOT   P3                                 '取料预备位
MOVE ROBOT   LR[101]+ # {IR[2]* 60,0,60,0,0,0}  '取料位上方
MOVES ROBOT   LR[101]+ # {IR[2]* 60,0,0,0,0,0}  '取料位
DELAY ROBOT 100
D_OUT[19]= ON
D_OUT[20]= OFF
CALL WAIT(D_IN[17],ON)
MOVES ROBOT   LR[101]+ # {IR[2]* 60,0,60,0,0,0} '取料位上方
MOVE ROBOT   P3                                 '取料预备位
IR[5]= IR[2]/4                                  '层号
IR[6]= IR[2]- IR[5]* 4                          '层位置号
IR[7]= IR[6]/2                                  '行号
IR[8]= IR[6]- IR[7]* 2                          '列号
MOVE ROBOT   P2                                 '码垛预备位
```

```
MOVE ROBOT   LR[104]+ # {IR[7]* 40,IR[8]* 60,90,0,0,0}          '码垛位上方
MOVES ROBOT LR[104]+ # {IR[7]* 40,IR[8]* 60,IR[5]* 23,0,0,0}    '码垛位
DELAY ROBOT 100
D_OUT[19]= OFF
D_OUT[20] = ON
CALL WAIT(D_IN[17],OFF)
MOVES ROBOT   LR[104]+ # {IR[7]* 40,IR[8]* 60,90,0,0,0}         '码垛位上方
MOVE ROBOT   P2
IR[2]= IR[2]+ 1                                                 '修改变量
END WHILE
SLEEP 100                                                       '延时 100 ms,CPU 休眠
END WHILE                                                       '循环结束
DETACH ROBOT                                                    '解除机器人绑定
DETACH EXT_AXES                                                 '解除外部轴绑定
END WITH                                                        '结束机器人组选择
END PROGRAM                                                     '程序结束
```

考核评价

任务二评价表

基本素养(30 分)				
序号	评价内容	自评	互评	师评
1	纪律(无迟到、早退、旷课)(10 分)			
2	安全规范操作(10 分)			
3	参与度、团队协作能力、沟通交流能力(10 分)			
理论知识(30 分)				
序号	评价内容	自评	互评	师评
1	指令(15 分)			
2	多层多排码垛算法(15 分)			
技能操作(40 分)				
序号	评价内容	自评	互评	师评
1	独立完成码垛程序的编制(20 分)			
2	使用示教器控制机器人到达示教位置(10 分)			
3	独立完成码垛运动位置数据记录(10 分)			
综合评价				

项 目 小 结

本项目主要学习了工业机器人在码垛中的实际应用。通过本项目的学习和实际操作,掌握工业机器人码垛项目的设计和编程。在基础知识方面,主要学习了工业机器人运动方式的设计及程序运行方式;在指令应用方面,对运动指令、IO 指令、延时指令进行了说明,并

结合指令应用实例,进行讲解;在技能学习方面,主要学习了码垛算法实现方式,减少点位的示教来简化码垛程序,从而完成工业机器人在码垛生产中的实际应用。

思考与练习

一、填空题

1.基坐标系是通过记录_____、_____、_____来重新设定的。

2.将要测量的_____安装在机器人末端,切换到_____,将待测量_____移向一个参照点。

二、简答题

1.程序中每次 IO 指令语句前面和后面的延时指令语句的作用分别是什么?

2.在多排码垛中,若位置号为 22,则其行号和列号分别为多少?

项目五　机器人视觉分拣应用编程

项目描述

机器人视觉定位系统是利用机器代替人眼来做各种测量和判断的系统,它将测量的视觉信息作为输入,对这些信息进行处理、判断,进而提取出有用信息提供给机器人,完成分拣等生产任务。计算机、人工智能、信号处理、光机电一体化等多领域技术的发展,特别是图像处理和模式识别等技术的快速发展,大大推动了机器人视觉定位的发展和应用。

在大批工业产品生产过程中,用人工视觉检查产品质量效率低且精度不高,用机器视觉检测方法可以大大提高生产效率和检测精度;在一些不适合于人工作业的危险工作环境或人工视觉难以满足要求的场合,用机器视觉来替代人工视觉,可改善生产条件,解决生产难题;机器视觉提高了生产的自动化程度,易于实现信息集成,可实现车间网络化集成,能以最快速度对生产线上的产品进行测量、引导、检测和识别,提高生产效率和产品质量。

本项目通过对工业机器人视觉分拣应用编程的学习,使学生能对机器人视觉分拣系统进行系统了解和认识,达到对机器人视觉分拣系统进行设定、编程与操作的能力。

项目目标

- 能熟练调整随动式相机视觉引导系统与应用。
- 能熟练调整固定式相机视觉引导系统与应用。

知识目标

- 理解机器视觉的基本概念。
- 掌握机器视觉系统的组成。
- 熟悉机器视觉的工作流程。
- 了解相机与机器人的通信方式。
- 理解坐标系的计算。

能力目标

- 能完成相机的调整与设定。
- 能完成机器视觉软件的操作与设置。
- 能完成机器视觉软件的标定。
- 能完成相机与机器人的通信设置。
- 能结合机器视觉完成机器人编程。

任务一　机器视觉系统的功能与原理

任务描述

在对机器人视觉分拣系统进行设定、编程与操作之前,需要了解机器视觉系统的基本概念、组成及各种测量方法与判断机理,掌握机器视觉系统完整的工作流程。

知识准备

一、机器视觉的概念

利用机器代替人眼来做各种测量和判断就是机器视觉系统。它不仅要把视觉信息作为输入,而且还要对这些信息进行处理,进而提取出有用的信息提供给机器人。

机器人视觉作为计算机学科的一个重要分支,它结合了光学、机械、电子、计算机软硬件等方面的技术,涉及计算机、图像处理、模式识别、人工智能、信号处理、光机电一体化等多个领域。

二、机器视觉的发展简介

起源于20世纪50年代的机器视觉,早期研究主要是从统计模式识别开始。工作主要集中在二维图像分析与识别上,如光学字符识别OCR(optical character recognition)、工件表面图片分析、显微图片和航空图片分析与解释。

20世纪60年代机器视觉的研究前沿是以理解三维场景为目的的三维机器视觉。1965年,Roberts从数字图像中提取出诸如立方体、楔形体、棱柱体等多面体的三维结构,并对物体形状及物体的空间关系进行描述。他的研究工作开创了以理解三维场景为目的的三维机器视觉的研究。

对积木世界的创造性研究给人们以极大的启发,许多人相信,一旦由白色积木玩具组成的三维世界可以被理解,则可以推广到理解更复杂的三维场景。

于是,人们对积木世界进行了深入的研究。研究的范围从边缘、角点等特征提取,到线条、平面、曲面等几何要素分析,一直到图像明暗、纹理、运动以及成像几何等,并建立了各种数据结构和推理规则。

20世纪70年代出现了一些视觉运动系统(Guzman 1969,Mackworth 1973),开始了视觉系统的起步与发展。与此同时,麻省理工的人工智能(AI,artificial intelligence)实验室正式开设"机器视觉"的课程,由国际著名学者B.K.E. Horn教授讲授。大批著名学者进入麻省理工参与机器视觉理论、算法、系统设计的研究。

1977年,David Marr教授在麻省理工的人工智能实验室领导一个以博士生为主体的研究小组,于1977年提出了不同于"积木世界"分析方法的计算视觉理论,该理论在80年代成为机器视觉研究领域中一个十分重要的理论框架。

20世纪80年代到20世纪90年代中期,机器视觉获得蓬勃的发展,新概念、新方法、新理论不断涌现,如基于感知特征群的物体识别理论框架、主动视觉理论框架、视觉集成理论框架等。

到目前为止,机器视觉仍然是一个非常重要的研究领域。

从机器视觉发展到如今,早已不是单一的应用产品。机器视觉的软硬件产品已逐渐成为生产制造各个阶段的重要组成部分,这就对系统的集成性提出了更高的要求。自动化企业要求能够与测试或控制系统协同工作的一体化工业自动化系统,而非独立的视觉应用。在现代自动化生产过程中,人们将机器视觉系统广泛地用于工况监视、成品检验和质量控制等领域。

随着全球制造中心向中国转移,中国机器视觉市场正在继北美、欧洲及日本之后,成为国际机器视觉厂商的重要目标市场。

任务实施

一、机器视觉的组成与分类

1.机器视觉的组成

典型的机器视觉系统可以分为图像采集部分、图像处理部分和运动控制部分。基于 PC 的机器视觉系统由图 5-1 所示的几部分构成。

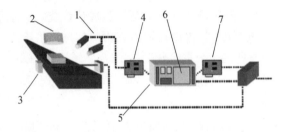

图 5-1　基于 PC 的机器视觉系统的构成

在图 5-1 中,1 为工业相机与工业镜头,这部分属于成像器件。通常的视觉系统都是由一套或多套这样的成像系统组成,如果有多路相机,可由图像卡切换来获取图像数据,也可由同步控制同时获取多相机通道的数据。根据应用的需要,相机可输出标准的单色视频(RS-170/CCIR)、复合信号(Y/C)、RGB 信号,也可输出非标准的逐行扫描信号、线扫描信号、高分辨率信号等。

在图 5-1 中,2 为光源。作为辅助成像器件,光源对成像质量的好坏起到至关重要的作用。各种形状的 LED 灯、高频荧光灯、光纤卤素灯等都容易得到。

在图 5-1 中,3 为传感器,通常以光纤开关、接近开关等的形式出现,用以判断被测对象的位置和状态,告知图像传感器进行正确的采集。

在图 5-1 中,4 为图像采集卡,通常以插入卡的形式安装在 PC 中。图像采集卡的主要工作是把相机输出的图像输送给计算机主机。它将来自相机的模拟或数字信号转换成一定格式的图像数据流,同时它可以控制相机的一些参数,如触发信号、曝光/积分时间、快门速度等。图像采集卡通常有不同的硬件结构以针对不同类型的相机,同时也有不同的总线形式,如 PCI、PCI64、Compact PCI、PC104、ISA 等。

在图 5-1 中,5 为 PC 平台。计算机是视觉系统的核心,在这里完成图像数据的处理和绝大部分的控制逻辑。对于检测类型的应用,通常需要运行速度快的 CPU,这样可以减少处理的时间;为了减少工业现场电磁、振动、灰尘、温度等的干扰,必须选择工业级的计算机。

在图 5-1 中,6 为视觉处理软件。机器视觉软件用来完成输入的图像数据的处理,然后通过一定的运算得出结果,这个输出的结果可能是 PASS/FAIL 信号、坐标位置、字符串等。常见的机器视觉软件以 C/C++图像库、ActiveX 控件、图形式编程环境等形式出现,可以是专用功能的(如仅仅用于 LCD 检测、BGA 检测、模板对准等),也可以是通用的(包括定位、测量、条码/字符识别、斑点检测等)。

在图 5-1 中,7 为控制单元(包含 I/O、运动控制、电平转化单元等)。一旦视觉软件完成图像分析(除非仅用于监控),紧接着需要与外部单元进行通信,以完成对生产过程的控制。简单的控制可以直接利用部分图像采集卡自带的 I/O,相对复杂的逻辑/运动控制则必须依靠附加可编程逻辑控制单元/运动控制卡来实现必要的动作。

2.机器视觉的分类

机器视觉按机器视觉系统一般可以分为两种产品形式。

1) PC 式视觉系统

即基于 PC (X86 架构,多用 Microsoft Windows 操作系统)和工业 PC,开发合适的机器视觉应用软件,配合光学硬件,如工业相机、镜头和光源等,实现工业自动化(FA)所需的定位、测量、识别、控制等功能。

PC 式视觉系统的软件多为定制,根据客户的实际应用需求开发。在通常情况下,应用软件是基于某种商品化机器视觉函数库进行二次开发,如 Cognex 公司的 VisionPro,Adept 公司的 HexSight,以及德国 MVtec 公司的 Halcon 等,所以 PC 式视觉系统又称为可编程(programmable)视觉系统。视觉系统的软件开发需要合格的编程人员,对软件工程师要求较高,既需要懂得采用编程语言进行编程,还需要懂得机器视觉理论和各种开发工具、函数库等。

2) 智能相机(intelligent camera)

这一类视觉系统多为嵌入式系统,智能相机集图像信号采集、模/数转换和图像信号处理于一体,直接给出处理的结果。所有这些功能都在一个小盒子里全部完成,跟一个普通相机体积差不多,但因为它能实现视觉处理所需功能,所以被称为智能化的相机,即智能相机。

智能相机核心软件是图像分析,即在杂乱无章的图像信号中找出规律,实现对图像对应场景的认识和所发生事件的解释,进行智能判断。智能相机采用的硬件一般为 ARM 架构的高性能微处理器,软件则基于实时操作系统,厂家往往提供丰富的图像处理和分析底层函数库。视觉应用开发是对这些底层软件工具模块进行某种组合(称"组态"),以及对单个模块进行参数设置。

一般智能相机厂家都提供了这类组态和参数设置的软件辅助应用设计工作,如 Cognex 公司的 Easy Builder,Datalogic PPT Vision 的 Inspection Builder 等软件,所以智能相机往往被称为可配置系统(configurable system)。

二、机器视觉的工作流程

一个完整的常见机器视觉系统的主要工作流程如下。

(1)工件定位。检测器探测到物体已经运动至接近摄像系统的视野中心,向图像采集部分发送触发脉冲。

(2)图像采集部分按照事先设定的程序和延时,分别向相机和照明系统发出启动脉冲。

(3)相机停止目前的扫描,重新开始新的一帧扫描,或者相机在启动脉冲来到之前处于等待状态,启动脉冲到来后启动一帧扫描。

(4)相机开始新的一帧扫描之前打开曝光机构,曝光时间可以事先设定。

(5)另一个启动脉冲打开灯光照明,灯光的开启时间应该与相机的曝光时间匹配。

(6)相机曝光后,正式开始一帧图像的扫描和输出。

(7)图像采集部分接收模拟视频信号,通过模/数转换将其数字化,或者是直接接收相机数字化后的数字视频数据。

(8)图像采集部分将数字图像存放在处理器或计算机的内存中。

（9）处理器对图像进行处理、分析、识别,获得测量结果或逻辑控制值。

（10）处理结果控制流水线的动作,进行定位、纠正运动的误差等。

考核评价

任务一评价表

基本素养（30分）			
序号	评价内容	自评	互评	师评
1	纪律（无迟到、早退、旷课）（10分）			
2	安全规范操作（10分）			
3	参与度、团队协作能力、沟通交流能力（10分）			
理论知识（30分）			
序号	评价内容	自评	互评	师评
1	机器视觉的概念（15分）			
2	机器视觉的发展（15分）			
技能操作（40分）			
序号	评价内容	自评	互评	师评
1	机器视觉的组成（15分）			
2	机器视觉的分类（5分）			
3	机器视觉的工作流程（20分）			
综合评价				

任务二　随动式相机视觉引导系统的调整与应用

任务描述

机器视觉检测系统通过工业相机拍照将被检测的目标转换成图像信号,然后把图片传送给图像采集卡,根据像素分布和亮度、颜色等信息,转变成数字化信号。

视觉处理软件利用内部编写好的算法对这些信号进行各种运算来抽取目标的特征,再把目标的特征数据传输给机器人的控制器。

机器人可以利用特征数据进行姿态变换或运动,达到视觉引导的目的。

任务实施

一、工业相机的调整与设定

1.相机的链接与调整

1）工业相机连接与调整

工业相机使用 24 V 直流电源。工业相机与PC之间通过网线连接,工业相机有独立的IP

地址,需要使用 IP Configurator 软件设置其 IP 地址,如图 5-2 所示。右击图 5-2 右上角处"IP configurator"按钮,弹出图 5-3 所示对话框,可以修改 IP 地址。状态栏显示"OK"为连接成功。

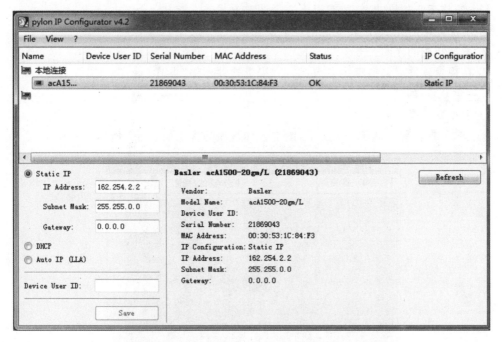

图 5-2　使用 Ip Configurator 软件设置工业相机 IP 值

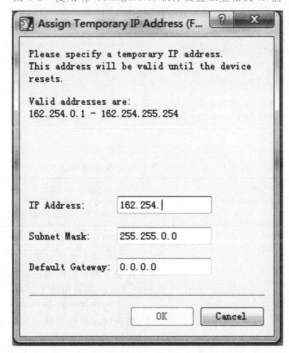

图 5-3　设置工业相机 IP 地址对话框

若工业相机显示在本地连接 2 里面,则 PC 的网线连接错误,需要将网线换一个接口。

2) 工业相机光源

工业相机光源有配置的电源。在电源上有两个旋钮,旋钮可进行相机亮度的调整。

3）工业相机图片调整

（1）调整工业相机的焦距，使图像显示清晰。

（2）调整工业相机的亮度，有以下三个调整方式。

① 增加光源的光照，旋转光源的电源旋钮。

② 增加相机的光圈。

③ 在视觉软件里调整曝光参数，详见"视觉软件操作"小节。

2. 视觉软件操作

1）视觉软件操作界面

视觉软件操作界面如图5-4所示，图中各标签项的含义如表5-1所示。

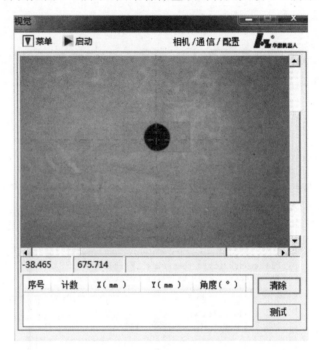

图 5-4　视觉软件操作界面

表 5-1　视觉软件操作界面各标签项含义

标签项	说明
菜单	可弹出工业相机参数的设置、模板的创建和标定功能
启动	测试拍照是否正常
相机	显示当前工业相机状态 黑色代表工业相机连接正常 红色代表工业相机连接不正常
通信	显示当前通信状态 黑色代表通信正常 红色代表通信不正常

2）工业相机设置

工业相机设置操作步骤如下。

步骤 1　打开菜单栏。

步骤 2　选择菜单栏中的"相机"，弹出图5-5所示的"相机参数"对话框。

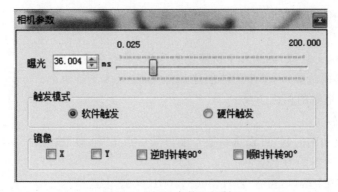

图 5-5　"相机参数"对话框

步骤 3　拖拽"曝光"拖动条,调节曝光值,曝光值越高图像越亮。

步骤 4　点击"触发模式"下的"软件触发"或"硬件触发"单选按钮,选择触发模式。

● 软件触发:通过写 IR[3] 寄存器实现相机拍照。

● 硬件触发:通过外部 IO 触发相机拍照。

步骤 5　点击"镜像"下的镜像按钮,选择镜像方式。

● X:可按 X 轴翻转图像。

● Y:可按 Y 轴翻转图像。

● 逆时针转 90°:逆时针 90°旋转图像。

● 顺时针转 90°:顺时针 90°旋转图像。

3) 全局参数的设置

全局参数设置操作步骤如下。

步骤 1　打开菜单栏。

步骤 2　选择菜单栏中的"参数设置",在主界面的右侧弹出图 5-6 所示的"系统参数"对话框。

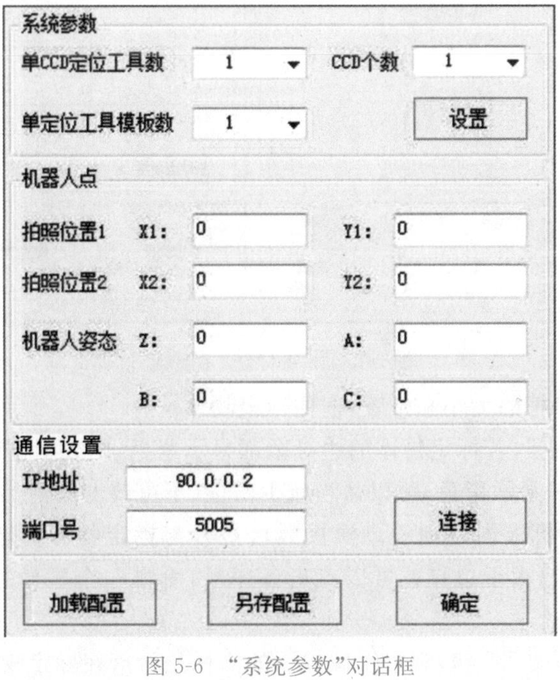

图 5-6　"系统参数"对话框

步骤3 在相应的文本框内设置参数。各参数含义如下。

（1）系统参数。

- 单 CCD 定位工具数：选用几个物体作为模板，最多支持两个。
- 单定位工具模板数：用单个物体创建几个模板，最多支持两个。
- CCD 个数：搭载的相机个数。

（2）通信设置。

- 当通信不成功的时候，可以重新换个端口号后点击"连接"按钮。
- IP 地址：控制器的 IP。
- 端口号：有四个端口，可在 5001、5003、5004、5005 中选择。

3.9 点标定

相机移动：相机的位置在机器人的世界坐标系下是移动的，如相机固定在机器人法兰盘末端上。

无论选择相机固定还是相机移动的方式，平面标定的方式都是 9 点标定方式。相机固定和相机移动的区别在于旋转中心标定的方式。

9 点标定的操作步骤如下。

步骤1 在图 5-7 所示的 9 点标定主界面中，按"标定模板"按钮，创建一个标定的模板，如图 5-8 所示。

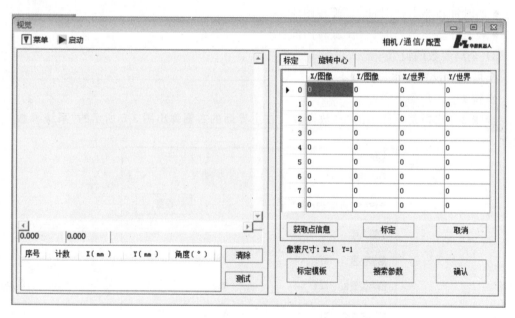

图 5-7 "9 点标定"主界面

- 改变和调整绿色框的大小和位置，框住标定物体。
- 按"创建模板"按钮，若标定物体的边缘全部显示紫色，则表示创建成功。

如果只有部分边缘显示紫色，可以适当减少阈值（不可改变阈值类型"固定值"）。

创建成功后，观察模板内容列表。模板数目是否与标定物体的边界数是相等的，如图 5-8 所示。如果模板数目大于边界数可以点击各序号，看哪一个序号是多余的，点击"－"按钮删除。

选中序号，点击"中心"按钮，观察图像界面的坐标是否落在标定物体上。

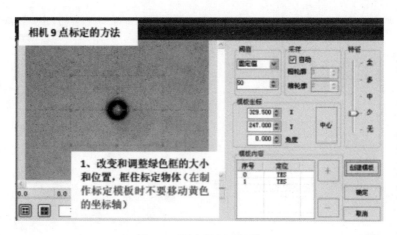

图 5-8　创建"标定模板"

注意：要求标定工件是黑白分明的。

步骤 2　把机器人移动到拍照高度。

步骤 3　移动机器人，使标定物体显示在图像窗口中间的绿色框里面。

步骤 4　选中点位窗口的"4"行，点击"获取点信息"按钮，然后标定物体上会显示一个红色"十"字，"4"行的前两格上会自动显示该红色"十"字的位置。此时，在"4"行的后两格上手动填入机器人的笛卡儿坐标的 X 值和 Y 值。

步骤 5　运动机器人，使标定物显示在剩余的一个绿色框里，点击"获取点信息"按钮，填入机器人笛卡儿坐标的 X 值和 Y 值。

重复步骤 5，待"0"到"8"行上的数据全部填完，点击"标定"按钮。

标定完成右下方会显示像素尺寸 X 和 Y。观察 X 和 Y 的数值，两个数的差值要求在 0.05 以内。若大于 0.05，则需要重新进行标定。

验证像素尺寸。先把标定物体显示在图像的任意位置，按"测试"按钮，然后让机器人在 X 或者 Y 轴方向上移动一定的距离 K，待机器人到达目标点后，按"测试"按钮，计算测试出来的点位数据差值，对比此差值和 K 值的大小，若相差较大，则需要重新标定。

4. 旋转中心标定

1）相机移动

相机移动的操作步骤如下。

步骤 1　进行夹具的工具标定。

步骤 2　选择一个与末端夹具中心配合的物体或图形（要求此物件高度与抓取的物件高度一致），把机器人移动到抓取高度，然后使夹具和选取的物件配合。

步骤 3　在图 5-7 所示界面中，点击"旋转中心"按钮，弹出如图 5-9 所示界面。

步骤 4　在图 5-9 中，在"机器人点位"的 X1 和 Y1 栏中填入当前的笛卡儿坐标 X 和 Y 的坐标值。

步骤 5　把机器人移动到拍照高度，并使选取的物件显示在图像窗口。

步骤 6　在图 5-9 中，在"机器人点位"的 X2 和 Y2 栏填入当前的笛卡儿坐标 X 和 Y 的坐标值。

步骤 7　以选取的物件为模板，创建一个新的标定模板。

步骤 8　点击"定位"按钮，待软件识别到模板后，点击"计算"按钮。旋转中心的 X 栏和

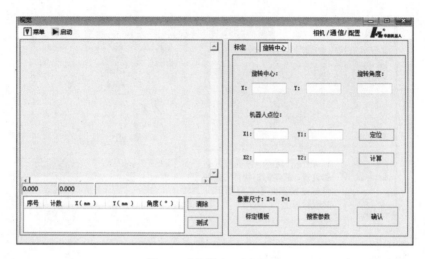

图 5-9 "旋转中心"主界面

Y 栏会自动显示数值。

步骤 9 点击"确认"按钮,标定流程全部完成。

2）相机固定

相机固定的操作步骤如下。

步骤 1 在一把长铁尺上贴一张小纸片,把机器人移动到抓取高度,然后使纸片显示在图像窗口,如图 5-10 所示。

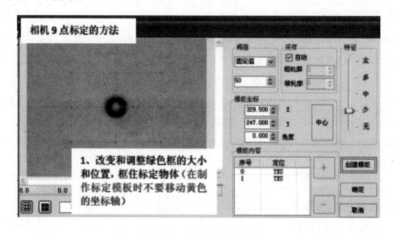

图 5-10 创建形状模板

步骤 2 以小纸片为模板,创建一个新的标定模板。

步骤 3 使选取的物件显示在图像窗口的左上方,在机器人旋转中心的 X 栏和 Y 栏中填入当前机器人的笛卡儿坐标 X 和 Y 的值。

步骤 4 点击"旋转前定位"按钮,待软件识别到小纸片。

步骤 5 点击"搜索参数"按钮,把旋转的参数改为±60°。

步骤 6 选择一个没有用处的 LR 寄存器,在寄存器里获取当前的笛卡儿坐标值,修改坐标的 C 值,在原来的数值基础上加 50,移动到修改后的点位。

步骤 7 在旋转角度栏填 50°。

步骤 8 点击"旋转后定位"按钮,待软件识别到模板。

步骤 9 点击"计算"按钮,待旋转中心栏自动显示数值。

步骤 10　点击"确认"按钮,标定流程全部完成。

5.创建形状模板

创建形状模板的步骤如下。

步骤 1　改变和调整绿色框的大小和位置,框住标定物体;点击"创建模板"按钮,若标定物体的边缘全部显示紫色,则创建成功。

如果只有部分边缘显示紫色,可以适当减少阈值。创建成功后,观察模板内容列表,看模板数目是否与标定物体的边界数相等。如果模板数目大于边界数,可以点击各序号,看哪一个序号是多余的,点击"一"按钮删除。选中序号,点击"中心"按钮,观察图像界面的坐标,是否落在标定物体上。

步骤 2　选择需要抓取的物体,在模板 1 里面创建一个新模板;点击创建模板的"搜索参数",弹出图 5-11 所示对话框;在窗口中修改角度值,把最小值改为"－180",最大值改为"180"。取消"一致性公差"的勾选。点击"确定"按钮。

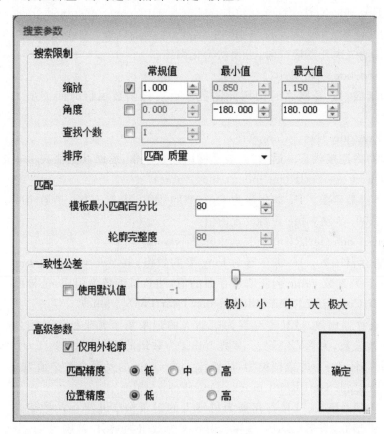

图 5-11　"搜索参数"对话框

移动机器人到拍照点,随意放置需抓取的物件。点击"测试"按钮,检验是否可以捕捉到需抓取的物件。

二、机器人与工业相机 PC 的通信

1.机器人 IO 接线

若夹具需要机器人的 IO 输出端控制,则夹具的负极端接机器人 IO 输出端,夹具的正极端接 24 V 电源。

2. PC 平台与机器人的链接

PC 平台、机器人控制器和示教器之间使用局域网连接,这三方的 IP 地址要求在同一段内。

PC 平台的 IP 设置在网络连接的本地连接 2 上设置。

机器人控制器的 IP 可以通过配置软件进行设置,为 90.0.0.1 或 10.4.20.100。

示教器的 IP 设置需要在设备管理和华数 App 通信设置里面设置,两处的设置需要设为一样的 IP 地址。

机器人控制器会作为服务端在 5005 端口号上侦听来自客户端的 TCP 连接。通常情况,控制器的 IP 地址为 10.4.20.100,示教器的 IP 地址为 10。

3. 视觉系统常用二次开发函数

控制器提供 Windows 7 的 C++二次开发接口,其中有以下 7 个接口可供视觉系统使用。

1) HMCErrCode NetInit(const std::string& rIp, const unsigned short rPort)

网络初始化函数。rIp 为字符串 IP 地址,rPort 为端口号。如 NetInit("10.4.20.100",5005)在调用其他二次开发接口前,必须初始化网络。

2) HMCErrCode NetExit()

网络退出函数。断开网络时调用此函数。目前该函数执行时间需要 10 s 左右,有待优化。

3) HMCErrCode NetIsConnect()

查询当前网络连接状态。返回"0"表示网络连接正常,返回其他值表示非正常。

4) 0HMCErrCode SetIR(int index, long value)

设置 IR 寄存器函数。IR 寄存器为 long 型的数组,共 200 个。参数 Index 为数组的索引,范围为 1~200;参数 value 为要设置的值。

5) HMCErrCode GetIR(int index, long& value)

获取 IR 寄存器函数。IR 寄存器为 long 型的数组,共 200 个。参数 Index 为数组的索引,范围为 1~200;参数 value 为获取寄存器的值,注意该参数为引用,是传出参数。

6) HMCErrCode SetLR(int index, const DcartPos& value)

设置 LR 寄存器函数。LR 寄存器为机器人的记录笛卡儿坐标的数组,共 1000 个。该寄存器拥有 6 维参数,为 XYZABC。参数 Index 为数组的索引,范围为 1~1000;参数 value 为 std::vector<double>的数据类型,注意传入的 value 的元素个数必须为 6。

7) HMCErrCode GetLR(int index, DcartPos& value)

获取 LR 寄存器函数。LR 寄存器为机器人的记录笛卡儿坐标的数组,共 1000 个。该寄存器拥有 6 维参数,为 XYZABC。参数 Index 为数组的索引,范围为 1~1000;参数 value 为 std::vector<double>的数据类型,是传出参数,其元素个数为 6。

三、坐标系的计算

坐标系计算原理如图 5-12 所示。

1. 像素比例计算

采用 9 点标定法,计算出相机坐标系与机器人世界坐标系的比例,将相机拍摄的像素尺寸转换为以 mm 为单位的机器人坐标值;并根据 9 个点的两个坐标系的对比,计算出相机坐标系在机器人世界坐标系下的旋转角度。

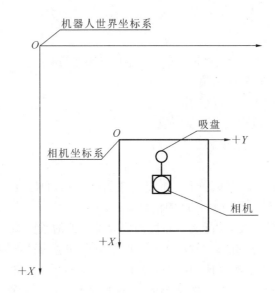

图 5-12　坐标系计算原理图

2. 吸盘旋转中心计算

根据旋转中心的两个坐标点的坐标数据,计算机器人吸盘中心在相机坐标系下的坐标值,并通过计算得到吸盘中心移动到相机坐标零点的机器人世界坐标系数值,并存储于视觉软件的配置文件中。

3. 工件位置计算

根据视觉拍摄的图像,计算出工件在相机坐标系下的坐标位置和角度,并根据旋转中心存储结果计算机器人实际取料位置。

四、机器人编程

1. 编程思路

(1) 机器人移动到月牙形工件拍照点,把 IR[3] 寄存器置"1",等待 IR[6] 的信息。

(2) 待 IR[6] 由"0"转变为"1"。

(3) 获取 LR[9] 的信息,移动到抓取过渡点。

(4) 调整速度进行,获取 LR[4] 的信息,移动到实际抓取点。

(5) 离开抓取区域。

(6) 判断 IR[8] 的值,而且对 IR[7] 的值进行计算,适当地添加到安全点位的 C 上面,做姿态变换。

(7) 运动到放料位置。

(8) 放料,回工作原点。

在正常运行多次后,若机器人抓取完工件抬升一段位置后停止运行并且示教器报警(某轴超出限位),这是正常现象,是工件旋转角度的问题。机器人运动到放料点超出限位。可以做以下修改。

① 在视觉软件上把角度参数范围作适当修改,使在旋转范围里无法识别图像。

② 修改机器人的限位。修改限位后需要低速试运行,观察是否会引起其他问题。不建议进行这种修改方式。

2.编程须知

所用到的寄存器如下。

(1) 以 IR[3]、IR[6]两个寄存器作为操作流程的标志位。

当 IR[3]显示为"1"时为开始拍照。

当 IR[3]显示为"0"时为等待拍照。

当 IR[6]显示为"1"时为点位获取完成。

(2) LR[4]和 LR[9]存放抓取点位的信息。

LR[4]为实际抓取位置。

LR[9]为抓取过渡位置,此点在 LR[4]的正上方 50 mm 的位置。

(3) LR[7]和 LR[8]存放选择角度的信息。

IR[7]为需要旋转的角度,实际旋转角度需要此寄存器的数值除以 1000。

IR[8]为旋转的方向,只有"1"和"2"表示顺时针方向和逆时针方向。

在运行程序之前可以手动修改 IR 寄存器的值,然后查看 IR 寄存器和 LR 寄存器的相应寄存器是否有相应的参数反馈。把系统的 Z 轴方向上的负限位调大,正常情况下 Z_{min} 为 -300,夹具偏心安装时需要标定工具坐标。

3.机器人点位示教

在操作中有两个点位,需要手动对位。

第 1 个是拍照点,拍照点的确定在完成硬件连线之后。

第 2 个是放料点,放料点需要在程序试运行的时候进行对位。

4.机器人编程

以机器人末端安装夹具、相机、光源,抓取月牙形工件的流程为例。

```
COMMON SHARED C AS DOUBLE                    '中间角度
PROGRAM
WITH ROBOT
ATTACH ROBOT
ATTACH EXT_AXES

MOVEROBOT   JR[1]
sleep 100
WHILE TRUE
CALL CLEARORC
MOVESROBOT   LR[3]
DELAY ROBOT 1000
sleep 1
CALL CAMERA1

END WHILE
DETACH ROBOT
DETACH EXT_AXES
END WITH
END PROGRAM
```

```
SUB CLEARORC
IR[3]= 0                                        '开始拍照信号初始化 1,2 ,0
IR[6]= 0                                        '拍照完成信号初始 1,0
IR[7]= 0                                        '初始化中间角度寄存器1= 0.001°
IR[8]= 0                                        '初始化中间正1+ ,2-
D_OUT[25] = OFF                                 '关闭吸盘
C = 0                                           '初始化中间角
END SUB


SUB CAMERA1                                     '触发相机拍照
LABEL1：
IR[3]= 1                                        '月牙拍照信号
WHILE IR[3]= 1                                  '等待确认拍照完毕
SLEEP 100
END WHILE
SLEEP 500
IF IR[6]= 1 THEN                                'IR[6]= 1拍照完成
CALL POS1                                       '调用取料子程序
ELSE
IF IR[6]= 0 THEN
GOTO LABEL1
END IF
END IF
IR[6]= 0
IR[8]= 0
IR[5]= 0
END SUB


SUB POS1                                        '拍照完成,取料程
IF IR[8]= 1 THEN                                'C为正
C= IR[7]/1000
ELSE
IF IR[8]= 2 THEN
C= - IR[7]/1000
END IF
END IF
MOVES ROBOT   LR[9] VTRAN=300                   'LR[9]为月牙取料过渡点
MOVES ROBOT   LR[9]+ # {0,0,- 30,0,0,0} VTRAN= 300   '取料上方过渡
MOVES ROBOT   LR[4] VTRAN= 50                   'LR[4]为月牙取料点
DELAY ROBOT 500
D_OUT[25]= ON                                   '取料完成
sleep 10
DELAY ROBOT 500
MOVES ROBOT   # {0,0,200,0,0,0} ABS= 0          '提升 200mm
```

```
    SLEEP 100
    LR[24]= LR[7]+ # {0,0,0,0,0,C}
    MOVES ROBOT   LR[24]+ # {0,0,20,0,0,0}              '放料上方过渡
    MOVES ROBOT   LR[24] VTRAN= 50 VTRAN= 300          '月牙放料
    DELAY ROBOT 100
    MOVES ROBOT   LR[7]+ # {0,0,20,0,0,0}
    D_OUT[25]= OFF
    sleep 500
    delay robot 1
    MOVES# {0,0,- 3,0,0,0}   abs= 0
    MOVES # {0,0,3,0,0,0}    abs= 0                     '抖动,防止铁块没有消磁
    delay robot 1
    SLEEP 1000
    DELAY ROBOT 1000
    MOVES ROBOT   LR[24]+ # {0,0,20,0,0,0}              '放料上方过渡
    SLEEP 100
    END SUB
```

任务实施

任务实施步骤如下。

(1)设备开机。

(2)相机安装。

(3)视觉软件设置。

(4)9点标定。

(5)旋转中心计算。

(6)编写机器人测试程序、测试通信。

(7)编写机器人搬运程序。

(8)联机调试完成搬运任务。

考核评价

任务二评价表

基本素养(30分)				
序号	评价内容	自评	互评	师评
1	纪律(无迟到、早退、旷课)(10分)			
2	安全规范操作(10分)			
3	参与度、团队协作能力、沟通交流能力(10分)			
理论知识(30分)				
序号	评价内容	自评	互评	师评
1	机器人通信协议(15分)			
2	机器视觉坐标计算(15分)			

续表

技能操作(40分)				
序号	评价内容	自评	互评	师评
1	视觉软件操作(15分)			
2	通信线路连接(5分)			
3	工业机器人的编程示教(20分)			
综合评价				

任务三 固定式相机视觉引导系统的调整与应用

任务描述

在物体的形状、位置、颜色等不确定的情况下,安装机器人执行器,连接调试气压回路;设置视觉软件相应参数,编写机器人程序,通过视觉识别系统识别物料的信息,并引导机器人进行准确的搬运和放料操作。

任务实施

一、相机的调整与设定

1.视觉系统的连接

视觉系统由视觉系统主机、工业机器人、相机、总控 PLC 等部分组成,视觉系统的连接如图 5-13 所示。

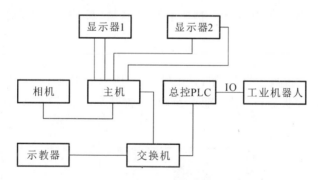

图 5-13 设备通信连接图解

各组成部分的 IP 地址如下。

机器人 IP 地址:90.0.0.1。

电脑主机 IP 地址:192.168.0.20。

相机 IP 地址:192.168.0.10。

总控 PLC IP 地址:192.168.0.1。

2.视觉软件操作

1)视觉软件界面

视觉软件界面如图 5-14 所示。点击左侧各按钮,可进行相关操作。

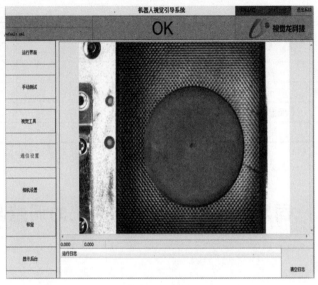

图 5-14　视觉软件的界面

（1）运行界面　软件界面切换成图像实时显示的画面。

（2）手动测试　软件会检测一次，识别物体的颜色、形状和位置坐标，并会将数据信息写入 PLC 和机器人的寄存器。

（3）视觉工具　对工件进行工件模板和颜色模板的制作。

（4）通信设置　与机器人和 PLC 连接的通信设置。

（5）相机设置　对相机的相关参数进行设置。

（6）标定　进行标定操作的界面，建立图像坐标系与机器人坐标系的联系，记录机器人取料姿态。

（7）运行日志　显示和记录每次拍照处理的结果，最新一次检测结果始终显示在第一行。

2）视觉工具的操作

点击图 5-14 中的"视觉工具"按钮，弹出图 5-15 所示的视觉工具操作界面，在此界面中可对物件形状和颜色模板进行添加、删除、编辑、设置操作，以及搜索参数的设置。

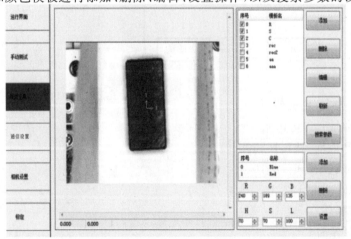

图 5-15　"视觉工具"操作界面

3. 相机设置

1）通信参数设置

机器人控制器的 IP 地址为 90.0.0.1,端口号为 5004。本机的 IP 地址为 192.168.0.5,端口号为 2500。PLC 的 IP 地址为 192.168.0.1,端口号为 102。

点击图 5-14 中的"通信设置"按钮,弹出图 5-16 所示视觉通信设置对话框,可对通信参数进行设置。

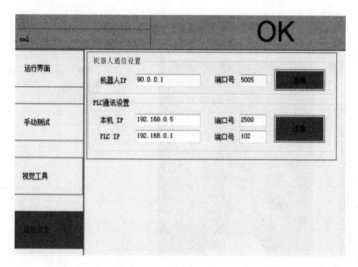

图 5-16　视觉通信的设置对话框

2）相机拍摄参数设置

点击图 5-14 中的"相机设置"按钮,弹出图 5-17 所示"相机参数"设置对话框,可进行相机参数设置,图像的明暗可以通过改变光源的亮度、镜头光圈的大小和相机曝光时间来控制。

图 5-17　"相机参数"设置对话框

4. 视觉软件的标定

1）标定前的准备工作

先将机器人以吸盘为中心,示教一个 Tool 坐标系(Tool10),让机器人吸取一把直尺,使其出现在相机的视野范围内,通过改变机器人 Z 轴的高度,使直尺的上表面与待检测的正方形的上表面平齐,将机器人示教器中的坐标系切换成 Tool10,并选择世界坐标系。

2) 9 点标定

9 点标定操作是为了得到像素坐标系与机器人世界坐标系的缩放系数,用以计算物料中心点在机器人坐标系下的实际坐标位置。

9 点标定步骤如下。

步骤 1 点击图 5-14"标定"中的按钮,弹出图 5-18 所示的标定操作界面,在标定界面点击"标定模板"按钮,在弹出的对话框中参照前面制作工件模板的方法,创建标定模板。

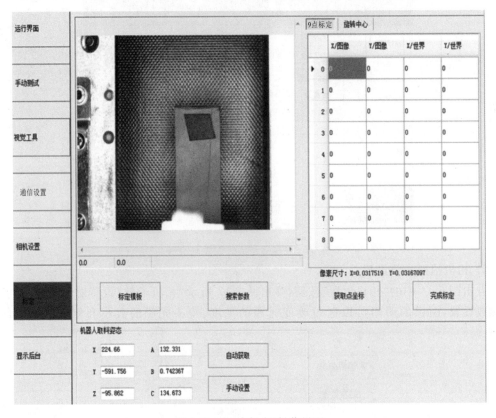

图 5-18 "9 点标定"操作界面

步骤 2 移动机器人使标定工具在视觉范围内均匀分布 9 个位置,工具的高度要与工件的顶面保持一致,并点击获取点坐标记录 9 个点的像素位置和机器人坐标值,9 个点都记录完成之后点击"完成标定"按钮,计算像素比例并保存数据。

3) 旋转中心计算

旋转中心计算是为了建立视觉坐标系和机器人坐标系的关系,找出两个坐标系的坐标值偏移量,同时也能获取机器人的取料姿态,让机器人能够以精准的姿态抓取物料。

旋转中心计算步骤如下。

步骤 1 点击图 5-19 中"旋转中心"按钮,移动机器人,使标定工具出现在视觉画面内,工具的高度要与工件的顶面保持一致。

步骤 2 机器人在其他坐标轴不移动的前提下,转动 C 轴,转动角度大于 30°并保证标定工具在视觉画面内,分别获取两个点的坐标值。

步骤 3 点击"计算"按钮,自动计算旋转中心并保存计算结果。

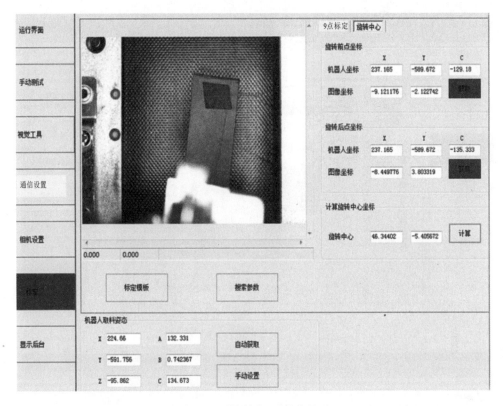

图 5-19　"旋转中心"操作界面

步骤 4　获取机器人取料姿态,标定完成后,手动控制机器人将目标物沿 Z 轴方向向下微调 2 mm,点击"自动获取"记录当前位置坐标,机器人取料时就以该姿态为基准,根据视觉计算结果保持 A、B、Z 轴不改变,只改变 X、Y、C 轴,实现机器人自动取料。

5.模板创建

形状模板是用于识别物料形状,本系统中需要设定 3 个形状模板分别是:圆形(C)、方形(S)、矩形(R),添加模板时必须注意模板的名称和大小写不能错;颜色模板用于分辨物料的颜色,本系统中需要设定两个颜色模板,分别是红色(Red)、蓝色(Blue)。添加颜色模板时,注意模板的名称不能错,首字母大写,后面的字母小写。

1) 形状模板的添加

形状模板添加的操作步骤如下。

步骤 1　将对应形状的物料放置于传送带相机拍摄位置,调整相机曝光率及光源使物料轮廓对比清晰,调整相机焦距使物料上表面清晰,传送带相对模糊。这样识别形状时更准确。

步骤 2　点击图 5-15 中的"添加"按钮,弹出图 5-20 所示"创建新模板"对话框,输入对应模板名称,点击"确定"按钮,弹出图 5-21 所示的创建模板操作界面。

步骤 3　调整绿框大小及位置,保证物料在绿框内,点击"创建模板"按钮。

步骤 4　删除多余线段,只保留一个物料外轮廓,点击"中心"按钮计算工件中心,点击"确定"按钮完成形状模板创建。

步骤 5　设置搜索参数。约束搜索的条件是为了更快更准确地定位目标。在图 5-20 中,点击"搜索参数"按钮,弹出图 5-22 所示搜索参数设置界面,可设置搜索参数。

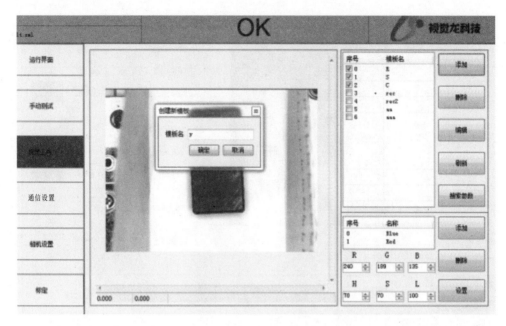

图 5-20　"创建新模板"对话框

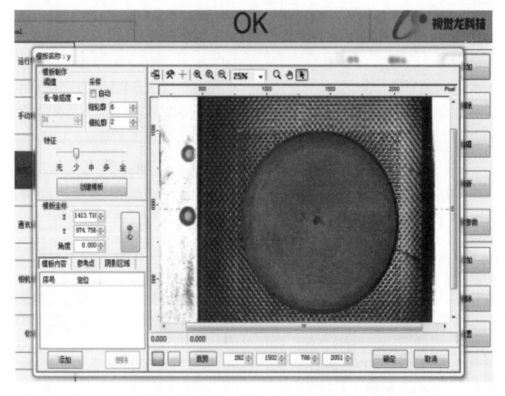

图 5-21　"创建模板"操作界面

　　"缩放"参数限制目标物的大小。只有当目标物的大小与模板的大小的比值在设置范围内时才会被定位到。比例范围设置越大,搜索时间会越长。

　　"角度参数"限制目标物的角度。只有当目标物的角度与模板的角度的差值在在设置范围内时才会被定位到。角度范围设置越大,搜索时间会越长。

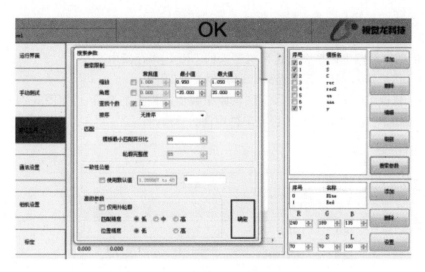

图 5-22　搜索参数设置界面

模板最小匹配百分数,限制了目标物轮廓的完整度,只有当目标物的轮廓与模板的轮廓的相同的地方达到了所设置的值时,目标才会被定位到。

一致性公差。建议设置为极小,设置过大会造成匹配错误的情况,例如长方形匹配成正方形。

2）颜色模板的添加

颜色模板添加的操作步骤如下。

步骤 1　点击如图 5-15 所示视觉工具操作界面"添加"按钮,在弹出的对话框中输入颜色模板名称,点击"确定"按钮,添加颜色模板,如图 5-23 所示。

步骤 2　光标移至对应颜色处,将显示的 R、G、B 值输入到对应模板,点击"设置"按钮。

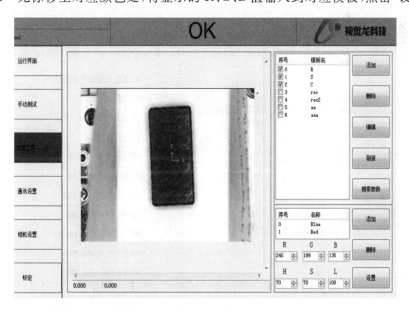

图 5-23　颜色模板创建界面

3）视觉标定结果验证

视觉标定结果验证操作步骤如下。

步骤 1　手动将物料放置于传送带视觉相机拍摄位置。

步骤 2　在 MES 软件打开状态下，点击图 5-14 视觉软件界面的"手动测试"。如果拍摄成功，计算出的取料点坐标系会发送到机器人的 LR[1]寄存器中。

步骤 3　将机器人 MOVE 到模式二取料预备点 JR[2]。

步骤 4　修改 LR[1]寄存器的 Z 值（在原来数值基础上加 5mm），如图 5-24 所示；再执行 MOVES 到 LR[1]，观察吸盘是否在工件中间。

图 5-24　寄存器值修改界面

二、机器人外部信号及通信配置

1. 机器人外部信号配置

华数机器人信号及通信配置功能在"配置"→"机器人配置"中选择，如图 5-25 所示。

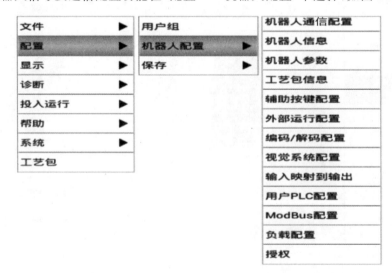

图 5-25　机器人外部信号配置

与机器人信号通信相关的功能:外部运行配置、编码/解码配置、输入映射到输出、用户PLC配置、Modbus配置及辅助按键配置等。注意:在一些功能中信号操作互斥,不能同时操作同一信号。

1) 外部信号配置

配置外部信号是指将系统信号和IO输入输出点位建立映射关系的过程。所有的系统信号都必须经过配置后才能映射到对应的IO点位上。在一个未进行外部信号配置的系统中,默认系统信号和IO之间是没有映射连接关系的。系统信号如表5-2、表5-3所示。

表5-2　输入信号分配表

信号名称	功能	备注
iPRG_START	程序启动	系统占用,下降沿有效
iPRG_PAUSE	程序暂停	系统占用,下降沿有效
iPRG_RESUME	程序恢复执行	系统占用,下降沿有效
iPRG_KILL	程序停止	系统占用,下降沿有效,此操作会自动卸载程序
iPRG_LOAD	程序加载	系统占用,下降沿有效
iENABLE	使能	系统占用,上升沿使能有效,置"0"断开使能
iCLEAR_DRV_FAULTS	伺服错误清除	系统占用,下降沿有效

表5-3　输出信号分配表

信号名称	功能	备注
/	机器人故障	系统占用,连接报警灯,该功能系统暂无有效输出(预留)
oROBOT_READY	机器人准备好	系统占用
oENABLE_STATE	系统使能状态	系统占用
oPRG_UNLOAD	用户程序未加载	系统占用
oPRG_READY	用户程序已加载	系统占用
oPRG_RUNNING	用户程序正在运行	系统占用
oPRG_ERR	用户程序出错	系统占用
oPRG_PAUSE	用户程序暂停	系统占用
oPRG_KILLED	用户程序停止	系统占用
oIN_REF[1]	参考点1	系统占用
oIS_MOVING	机器人运动中	系统占用
oMANUAL_MODE	手动模式	系统占用
oAUTO_MODE	自动模式	系统占用
oEXT_MODE	外部模式	系统占用

oROBOT_READY(机器人准备好):包括系统初始化完毕,系统使能开启,用户程序处于已加载状态。

iPRG_KILL(程序停止)即卸载程序。

　　iENABLE(使能)可以自动清除错误,当示教器报错后,不需要在示教器上清除报警,外部上使能即可自动清除报警(前提是不存在无法解除的错误,如"急停"按钮按下,程序错误或其他硬件故障)。

　　系统信号中 iPRG_START(程序启动)和 iPRG_RESUME(程序恢复执行)都是让程序运行的命令,其中 iPRG_START 只能在程序为"准备"状态下启动程序,暂停和错误状态下不能够启动程序;iPRG_RESUME 在任何情况下都能启动程序。

　　设置方法如下。

　　外部信号配置功能在"配置"→"机器人配置"→"外部运行配置"中完成,如图 5-26 所示,对外部信号进行配置和修改需要在 super 权限下进行;分别在输入配置和输出配置界面对输入信号和输出信号与系统信号建立映射;在设置过程中分别选中要建立映射关系的系统信号和 IO 信号,点击增加或移除分别建立对应的映射或解除映射;在设置完成后点击"保存"按钮,设置生效。

外部运行配置				
标志位	IO索引			D_IN索引号
iPRG_START	1	移除	9	
iPRG_PAUSE	2	→	10	
iPRG_RESUME	3	增加	11	
iPRG_KILL	4		12	
iPRG_LOAD	5	←	13	
iPRG_UNLOAD	6	保存	14	
iENABLE	7		15	
iCLEAR_DRV_FAULTS	8		16	
			17	
			18	
			19	
			20	
			21	
			22	
			23	
			24	
			25	
			26	
			27	
			28	
			29	
			30	
			31	
			32	
			33	
输入配置			输出配置	

图 5-26　外部信号配置

　　2) 外部运行程序设置

　　在通过外部信号控制机器人之前,先要在外部自动加载变量列表中设置要运行的主程序,在变量值中写入外部运行的程序名。目前只能加载一个主程序,在主程序中可以调用多个子程序。

　　设置外部运行程序在"显示"→"变量列表"→"EXT"中,如图 5-27 所示。选中 EXT_PRG[1](目前在 EXT 列表中仅 EXT_PRG[1]有效,其余变量无效),点击"修改"按钮,在弹出对话框中写入外部运行程序的名称(大写),设置后点击"保存"按钮,点击"刷新"按钮,可检查是否保存成功。

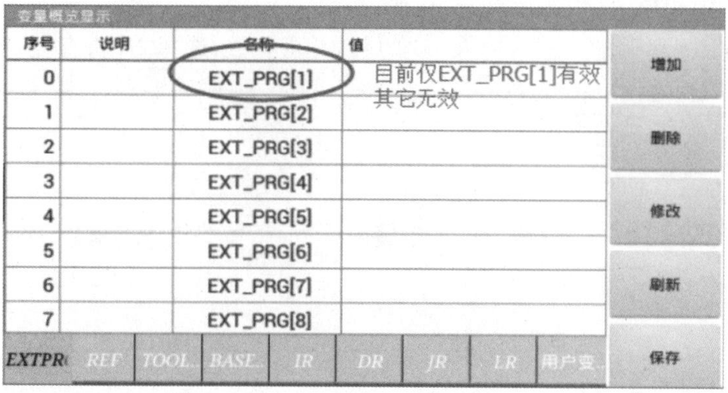

图 5-27　外部运行程序设置

注意：外部运行的程序在修改后需在手动方式或自动方式下加载一次才会执行修改后的程序，否则会按原有程序执行；示教器不同文件夹中有相同程序名的主程序设为外部自动加载程序，在外部运行时运行最后一次加载的程序。

3）输入输出信号的强制操作

（1）输入信号的虚拟强制　在手动、自动和外部方式下，没有定义配置的数字信号输入点都可以虚拟强制；虚拟状态切换方式后，会自动切换为 real 方式；在手动和自动方式下，已经定义配置的系统信号输入点不可以虚拟强制，即虚拟强制输入无效。已经定义配置的系统信号输入点虚拟强制仅在外部方式下有效。

（2）输出信号的强制　输出信号的虚拟强制无效，即输出信号的强制不需要虚拟状态；在手动、自动和外部方式下，没有定义配置的数字信号输出点都可以强制输出；在手动、自动和外部方式下，对于已经定义配置的系统信号输出点不可以强制输出。

2.编码解码功能

编码功能是将 IR 寄存器映射到 IO 的输出，根据 IR 的值置位 IO 序列，这个过程是二进制数编码，通过 IR 的值来编码对应 IO 序列值；解码功能是 IO 的输入映射到 IR 寄存器，外部输入相应的信号，控制器会把这个信号解码到 IR 寄存器。

1）操作步骤

步骤 1　在主菜单点击"配置"→"机器人配置"→"编码/解码"按钮，弹出图 5-28 所示对话框。

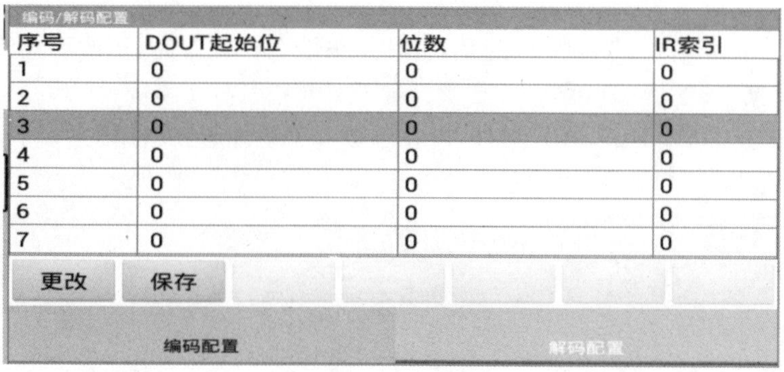

图 5-28　"编码/解码配置"对话框

步骤 2　根据需要点击编码设置或解码设置。

步骤 3　选中相应选项,然后点击"更改"按钮。

步骤 4　在 IO 索引输入框中输入 IO 的起始值、位数,选择 IR 寄存器,如图 5-29 所示。

图 5-29　"更改编码设置"对话框

步骤 5　点击"确定"按钮,如果提示 IO 被占用,则设置失败。

步骤 6　设置完后一定要点击"保存"按钮,不然系统重启后设置的数据将会丢失。

2) 功能详解

(1) 软件编码扩展输出点　在控制系统输出信号较多的情况下,可以通过机器人控制系统的内部程序对输出信号进行编码,分别会有 2^n 种组合方式,然后通过 IO 输出驱动负载工作,这可以大大减少对输出点的占用。

(2) 软件解码扩展输入点　在控制系统输入信号较多的情况下,可以利用解码器对输入信号解码,对各个输入信号加以识别,通过信号不同的排列组合,在 IR 寄存器中最多对应 2^n 种不同的情况,用于程序中的判断,可以大大减少对输入点的占用。

3. 机器人用户 PLC 功能

1) 用户 PLC 功能描述

用户 PLC 是一个特殊的子程序。启动 PLC 功能后,该程序在控制系统内被循环调用。在 PLC 程序内允许用户进行 IO、系统信号的逻辑处理,用户可根据现场的需求实现程序代码。理论上讲,用户可在程序内实现任意信号处理的逻辑,但用户需自行保障程序的执行时间。原则上不允许在 PLC 程序里使用运动指令、延时、循环、递归等消耗时间的操作。

图 5-30　停止用户 PLC 界面

要使用用户 PLC 功能,必须先编写 USR_PLC.LIB 的文件(可在示教器上编写),然后通过示教器或计算机加载到控制器(IPC),在加载时请注意,如果用户 PLC 在运行,必须先停止用户 PLC,如图 5-30 所示,否则发送用户 PLC 失败。在配置时,更改后立即生效。

2) 操作步骤

步骤 1　建立 USR_PLC.LIB 文件,可在示教器手动编程,文件格式如下。

```
sub USR_PLC
    if< Conditions> then
        D_OUT[1]= OFF            '停止磨头转动
        D_OUT[2]= OFF            '关激光
    End if
end sub
```

PLC 的功能是当条件 Conditions 成立时,对 D_OUT[1],D_OUT[2]输出进行复位操作。该例中,通过对某条件的判断来关联上某些信号,并对这些信号进行必要的操作,且可在其他用户程序运行的任意时刻检测。

步骤 2　示教器加载 USR_PLC. LIB 文件(目的是将此文件发送到控制器生效),加载成功后,然后再次卸载该程序。

步骤 3　启动用户 PLC 功能,完成即可实现 USR_PLC. LIB 定义的使用需求。

步骤 4　点击"停止 PLC"按钮并关闭使能状态,停止并卸载用户 PLC 程序。

4. ModBus 通信功能

ModBus 功能支持 ModBus TCP 协议的总线通信,在 ModBus 功能界面可设置 ModBus 功能属性,如图 5-31 所示。

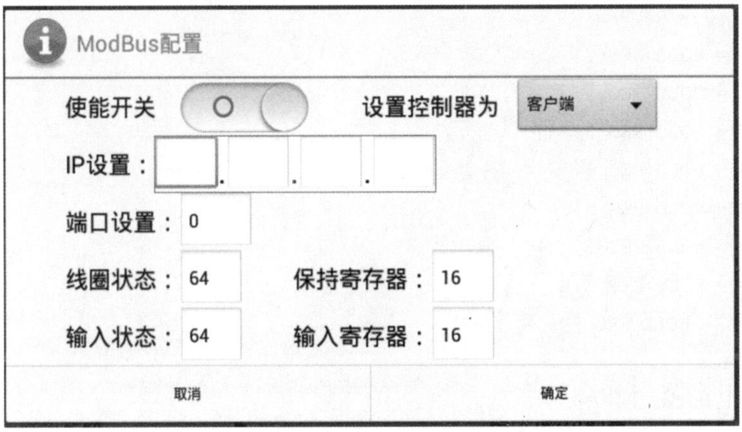

图 5-31　"ModBus 配置"对话框

ModBus 配置功能有一个使能开关来全局控制 ModBus 功能的开和关,其余为设置参数对象;只有在设置控制器模式为服务端的情况下,IP 设置和端口设置才可以进行操作;线圈状态和输入状态的值只能为不大于 64 的正整数,保持寄存器和输入寄存器的值必须为不大于 8 的正整数,否则设置失败;配置完成后重启系统。

1) ModBus 寄存器

目前控制系统中包含四类 ModBus 寄存器。

(1) 线圈状态寄存器 COIL_STAT[],PLC 地址范围为 00001～09999,位寄存器,占 1 位。对目前控制系统来说,如果控制器作为 ModBus 客户端,该寄存器为只写;如果控制器作为 ModBus 服务端,该寄存器为只读。其数组索引范围为 1～64。

(2) 输入状态寄存器 IN_STAT[],PLC 地址范围为 10001～19999,位寄存器,占 1 位。如果控制器作为 ModBus 客户端,该寄存器为只读;如果控制器作为 ModBus 服务端,该寄存器为只写。其数组索引范围为 1～64。

(3) 保持寄存器 HOLD_REG[],PLC 地址范围 40001～49999,字寄存器,占 16 位。如果控制器作为 ModBus 客户端,该寄存器为只写;如果控制器作为 ModBus 服务端,该寄存器为只读。

(4) 输入寄存器 IN_REG[],PLC 地址范围 30001～39999,字寄存器,占 16 位。如果控制器作为 ModBus 客户端,该寄存器为只读;如果控制器作为 ModBus 服务端,该寄存器为只写。

2) 数据映射

ModBus 映射主要通过用户 PLC 程序来实现。用户自行定义需要进行映射的变量,然后在 USR_PLC.PRG 程序中进行用户自定义变量与 ModBus 寄存器变量映射的过程。程序如下。

```
PUBLIC SUB USR_PLC
'（WRITE YOUR CODE HERE）
IN_REG[1]= A1.PFB        '7个轴的坐标值
IN_REG[2]= A2.PFB
IN_REG[3]= A3.PFB
IN_REG[4]= A4.PFB
IN_REG[5]= A5.PFB
IN_REG[6]= A6.PFB
IN_REG[7]= A7.PFB
IR[15]= HOLD_REG[1]
IR[16]= HOLD_REG[2]
IR[17]= HOLD_REG[3]
IR[18]= HOLD_REG[4]
IR[19]= HOLD_REG[5]
IR[20]= HOLD_REG[6]
IR[21]= HOLD_REG[7]
iENABLE= HOLD_REG[8]        '使能
END SUB
```

3）开启 MODBUS 映射

编辑好的映射数据文件 USR_PLC.PRG 导入示教器，并手动加载一次（下发文件到控制器），然后通过示教器配置界面，开启用户 PLC 功能。

三、工业机器人编程

1. 工业机器人与 PLC 变量表

1）工业机器人夹具 IO 地址信息表

工业机器人夹具 IO 地址信息表 如表 5-4 所示。

表 5-4 工业机器人夹具 IO 地址信息表

序号	机器人 PLC 信号	定义	对应机器人 D_IN[i]/D_OUT[i]
1	X2.0	真空反馈	D_IN[17]
2	Y2.1	喷涂开关	D_OUT[18]
3	Y2.2	真空发生	D_OUT[19]
4	Y2.3	真空破坏	D_OUT[20]

2）工业机器人 JR 寄存器定义表

工业机器人 JR 寄存器定义表如表 5-5 所示。

表 5-5 工业机器人 JR 寄存器定义表

JR 序号	定义	JR 序号	定义
JR[1]	机器人原点	JR[7]	模式 1—放余料预备点
JR[2]	模式 2—取料预备点	JR[8]	码垛取料预备点

JR 序号	定义	JR 序号	定义
JR[3]	模式 2—放料预备点	JR[9]	码垛放料预备点
JR[4]	模式 2—放余料预备点	JR[10]	
JR[5]	模式 1—取料预备点	JR[11]	
JR[6]	模式 1—放料预备点	JR[12]	

3) 工业机器人 LR 寄存器定义表

工业机器人 LR 寄存器定义表如表 5-6 所示。

表 5-6 工业机器人 LR 寄存器定义表

LR 序号	定义	LR 序号	定义
LR[1]	模式 2—取料点	LR[24]	模式 2—矩红 3 放料点
LR[2]	模式 2—取料上方	LR[25]	模式 2—矩红 4 放料点
LR[5]	模式 2—放余料位	LR[60]	圆蓝 1 码垛位
LR[10]	模式 2—圆蓝 1 放料点	LR[61]	圆蓝 2 码垛位
LR[11]	模式 2—圆蓝 2 放料点	LR[62]	圆红 1 码垛位
LR[12]	模式 2—圆红 1 放料点	LR[63]	圆红 2 码垛位
LR[13]	模式 2—圆红 2 放料点	LR[64]	方蓝 1 码垛位
LR[14]	模式 2—方蓝 1 放料点	LR[65]	方蓝 2 码垛位
LR[15]	模式 2—方蓝 2 放料点	LR[66]	方红 1 码垛位
LR[16]	模式 2—方红 1 放料点	LR[67]	方红 2 码垛位
LR[17]	模式 2—方红 2 放料点	LR[68]	矩蓝 1 码垛位
LR[18]	模式 2—矩蓝 1 放料点	LR[69]	矩蓝 2 码垛位
LR[19]	模式 2—矩蓝 2 放料点	LR[70]	矩蓝 3 码垛位
LR[20]	模式 2—矩蓝 3 放料点	LR[71]	矩蓝 4 码垛位
LR[21]	模式 2—矩蓝 4 放料点	LR[72]	矩红 1 码垛位
LR[22]	模式 2—矩红 1 放料点	LR[73]	矩红 2 码垛位
LR[23]	模式 2—矩红 2 放料点	LR[74]	矩红 3 码垛位
LR[99]	增量 50 mm	LR[75]	矩红 4 码垛位

4) PLC 与机器人 IO 信号表

PLC 与机器人 IO 信号表如表 5-7 所示。

表 5-7 PLC 与机器人 IO 信号表

PLC 输出	机器人输入	定义	PLC 输入	机器输出	定义
Q1.1	X0.0	机器人程序启动	I5.0	Y1.2	机器人准备好
Q2.0	X0.1	机器人程序暂停	I5.1	Y0.1	机器人使能中

续表

PLC 输出	机器人输入	定义	PLC 输入	机器输出	定义
Q2.1	X0.2	机器人程序恢复执行	I5.2	Y0.2	机器人程序已加载
Q2.2	X0.3	机器人程序停止	I5.3	Y0.5	机器人运行中
Q2.3	X0.4	机器人程序加载	I5.4	Y0.7	机器人暂停中
Q2.4	X0.5	机器人使能	I5.5	Y1.0	机器人未加载
			I5.6	Y1.1	机器人原点

2.工业机器人与 PLC 通信

工业机器人与 PLC 之间采用 MODBUS 协议，IR[1]是 PLC 给机器人的指令，IR[2]是机器人给 PLC 的指令。

通信思路如表 5-8 所示。

表 5-8　通信思路表

序号	程序	通信方向	说明
1	IF IR[1]＝51 THEN	总控—机器人	模式 1 下派单
2	IR[2]＝51	机器人—总控	模式 1 反馈
3	IF IR[1]＝52 THEN	总控—机器人	模式 1 子程序
4	IR[2]＝52	机器人—总控	执行模式 1 子程序中
5	MOVE ROBOT　JR[1]		机器人原点
6	IF IR[1]＝1 THE	总控—机器人	呼叫执行取料
7	IR[2]＝1	机器人—总控	呼叫执行取料反馈
8	MOVE ROBOT　JR[5]		机器人到达取料预备点
9	IF IR[1]＝2 THEN	总控—机器人	执行取料
10	IR[2]＝2	机器人—总控	执行取料中
11			机器人取料
12	IR[2]＝3	机器人—总控	取料完成
13	WHILE IR[1]<>3	总控—机器人	呼叫取料完成反馈
14	IR[2]＝4	机器人—总控	呼叫取料完成　2 次
15	WHILE IR[1]<>4	总控—机器人	呼叫取料完成已确认
16	IR[2]＝0	机器人—总控	机器人放料
17	IF IR[1]＝7 THEN	总控—机器人	呼叫放圆形蓝 1
18	MOVE ROBOT　JR[6]		模式一放料预备点
19	IR[2]＝7	机器人—总控	呼叫放圆形蓝 1 反馈
20	IF IR[1]＝8 THEN	总控—机器人	执行放圆形蓝 1
21	IR[2]＝8	机器人—总控	执行放圆形蓝 1 中

序号	程序	通信方向	说明
22			机器人执行放料
23	IR[2]＝5	机器人—总控	放料完成
24	IR[2]＝0	机器人—总控	放料完成标志位

3.机器人编程

1）主程序

```
MOVE ROBOT   JR[1]              '机器人原点
D_OUT[19]= OFF                  '真空复位
D_OUT[20]= OFF
IR[2]= 0
WHILE TRUE
CALL SETTOOLNUM(10)
CALL SETBASENUM(0)
IF IR[1]= 54 THEN               '模式 2 下派单
CALL TWO
END IF
```

2）子程序

```
PUBLIC SUB TWO
'(WRITE YOUR CODE HERE)
IR[2]= 54                       '模式 2 执行反馈
WHILE IR[2]< > 55               '模式 2 子程序中
IF IR[1]= 55 THEN               '模式 2 子程序
IR[2]= 55                       '模式 2 子程序中
END IF
SLEEP 100
END WHILE
WHILE TRUE
'机器人取料
WHILE IR[1]< > 4                '取料完成已确认
MOVE ROBOT   JR[1]              '机器人原点
WHILEIR[2]< > 1
IF IR[1]= 1 THEN                '呼叫执行取料
IR[2]= 1                        '呼叫执行取料反馈
END IF
SLEEP 100
END WHILE
MOVE ROBOT   JR[2]              '模式 2 取料预备点

WHILE IR[2]< > 2                '执行取料中
IF IR[1]= 2 THEN                '执行取料
IR[2]= 2                        '执行取料中
```

```
END IF
SLEEP 100
END WHILE
SLEEP 1
LR[2]= LR[1]+ # {0,0,30,0,0,0}
MOVE ROBOT   LR[2]                          '取料上方
MOVES ROBOT   LR[1] VTRAN= 100              '取料点
DELAY ROBOT 1
D_OUT[19]= ON                               '真空发生
D_OUT[20]= OFF
DELAY ROBOT 200
CALL WAIT(D_IN[17],ON)                       '真空反馈
MOVES ROBOT   LR[2]                          '取料上方
MOVE ROBOT   JR[2]                           '模式 2 取料预备点
IR[2]= 3                                     '呼叫取料完成
WHILE IR[1]< > 3                             '呼叫取料完成反馈
SLEEP 100
END WHILE
IR[2]= 4
WHILE IR[1]< > 4                             '呼叫取料完成已确认
SLEEP 100
END WHILE
SLEEP 100
END WHILE
IR[2]= 0
'机器人放料

WHILE IR[1]< > 5                             '放料完成反馈
'放圆形蓝 1
IF IR[1]= 7 THEN                             '呼叫放圆形蓝 1
MOVE ROBOT JR[3]                             '模式 2 放料准备
DELAY ROBOT 1
SLEEP 1
WHILE IR[1]< > 5                             '放料完成反馈
IR[2]= 7                                     '呼叫放圆形蓝 1 反馈
WHILE IR[2]< > 8                             '执行放圆形蓝 1 中
IF IR[1]= 8 THEN                             '执行放圆形蓝 1
IR[2]= 8                                     '执行放圆形蓝 1 中
END IF
SLEEP 100
END WHILE
MOVE ROBOT   LR[10]+ LR[99]                  '放料上方
MOVES ROBOT   LR[10]VTRAN= IR[10]            '放料点
DELAY ROBOT 1
```

```
D_OUT[19]= OFF                              '真空关闭
D_OUT[20]= ON                               '真空破坏开启
DELAY ROBOT 500
CALL WAIT(D_IN[17],OFF)                      '真空关闭反馈
D_OUT[20]= OFF                              '真空破坏关闭
MOVES ROBOT   LR[10]+ LR[99]                '放料上方
MOVE ROBOT    JR[3]                         '料预备点
SLEEP 1
IR[2]= 5                                    '放料完成
MOVE ROBOT    JR[1]                         '机器人原点
SLEEP 100
END WHILE
END IF
    ⋮
'放余料
IF IR[1]= 60 THEN                           '呼叫放余料
MOVE ROBOT    JR[1]
MOVE ROBOT    JR[4]                         '模式 2 放余料预备点
DELAY ROBOT 1
SLEEP 1
WHILE IR[1]< > 5                            '放料完成反馈
IR[2]= 60                                   '呼叫放余料反馈
WHILE IR[2]< > 61                           '执行放余料中
IF IR[1]= 61 THEN                           '执行放余料
IR[2]= 61                                   '执行放圆形红 2 中
END IF
SLEEP 100
END WHILE
MOVES ROBOT   LR[5]+ LR[99] VTRAN= 150      '模式 2 放余料位上方
MOVES ROBOT   LR[5]VTRAN= IR[10]            '模式 2 放余料位
DELAY ROBOT 1
D_OUT[19]= OFF                              '真空关闭
D_OUT[20]= ON                               '真空破坏开
DELAY ROBOT 500
CALL WAIT(D_IN[17],OFF)                      '真空关闭关
D_OUT[20]= OFF                              '真空破坏关闭
MOVES ROBOT   LR[5]+ LR[99]                 '模式 2 料位上方
MOVE ROBOT    JR[4]                         '模式 2 放余料预备点
SLEEP 1
IR[2]= 5                                    '放料完成
MOVE ROBOT    JR[1]                         '机器人原点
SLEEP 100
END WHILE
END IF
```

```
SLEEP 100
END WHILE
IR[2]= 0                          '放料完成标志位
SLEEP 100
END WHILE
END SUB
```

任务实施

任务实施步骤如下。

步骤 1　机器人夹具安装。

步骤 2　气压回路连接与调试。

步骤 3　机器人工具坐标标定。

步骤 4　视觉软件设置。

步骤 5　相机及光源调整。

步骤 6　视觉软件9点标定。

步骤 7　视觉软件旋转中心计算。

步骤 8　机器人取料姿态获取。

步骤 9　手动测试视觉计算结果。

步骤 10　机器人程序编写。

步骤 11　机器人点位示教。

步骤 12　联机调试完成搬运任务。

考核评价

任务三评价表

基本素养(30分)				
序号	评价内容	自评	互评	师评
1	纪律(无迟到、早退、旷课)(10分)			
2	安全规范操作(10分)			
3	参与度、团队协作能力、沟通交流能力(10分)			
理论知识(30分)				
序号	评价内容	自评	互评	师评
1	机器人外部控制功能(10分)			
2	视觉标定意义(10分)			
3	视觉模板的作用(10)			
技能操作(40分)				
序号	评价内容	自评	互评	师评
1	视觉软件操作(15分)			
2	机器人夹具安装(5分)			
3	机器人编程示教(20分)			
综合评价				

项 目 小 结

　　本项目主要学习了机器视觉的基本概念,通过本项目的学习,掌握工业机器人的组成和了解机器视觉的发展历程。在基础知识方面,主要学习了工业机器人的组成、分类及工作流程;在操作应用方面,主要了解了相机与机器人之间的通信、坐标系的计算;在技能学习方面,主要操作了相机的调整与设定、机器视觉软件的操作与设置、机器视觉软件的标定、相机与机器人的通信设置,结合机器视觉完成机器人编程等,从而使操作人员能够能熟练调整随动式和固定式相机视觉引导系统及其应用。

思考与练习

一、填空题

1. 机器视觉按产品形式一般可分为_____、_____两类。

2. HSR-6 工业机器人有_____个 IR 寄存器。

3. HSR-6 工业机器人外部控制输入信号 iPRG_LOAD 表示_____。

4. HSR-6 工业机器人用户 PLC 程序的名称必须是_____。

二、简答题

1. 简述机器视觉的主要组成部分。

2. 简述机器视觉的工作流程。

3. 简述视觉软件 9 点标定的方法。

4. 简述旋转中心计算的意义。

5. 简述机器人用户 PLC 操作步骤。

6. 简述工业机器人 ModBus 通信的 4 类寄存器。

项目六　智能产线系统工业机器人应用编程

项目描述

智能产线系统是基于新一代信息技术,贯穿于生产、管理、服务等活动的各个环节,具有自感知、自决策、自执行等功能的先进制造过程、系统、模式的总称,融合了自动化、数字化、网络化、集成化、智能化等技术。

本项目通过对工业机器人智能产线系统的应用编程,使学生能对智能产线系统的基本组成、智能产线系统的生产节拍进行了解和认识,达到对智能产线系统中的工业机器人编程及调试的能力,能安全启动智能产线系统。

项目目标

● 能够完成智能产线系统中工业机器人编程及调试,满足智能产线生产及节拍要求。

知识目标

● 掌握智能产线系统中工业机器人编程调试要求。
● 掌握智能产线系统与工业机器人两者通信联系。

能力目标

● 能安全启动智能产线系统。
● 能正确编写智能产线中的工业机器人程序。
● 能按生产要求调试机器人生产节拍及优化生产效率。

任务一　智能产线系统基本功能及各模块介绍

任务描述

在对智能产线系统编程调试之前,需要了解智能产线系统的基本功能和各模块的组成及作用。

知识准备

一、智能产线系统布局

智能产线系统主要以智能制造技术推广应用实际与发展需求为设计依据,按照"设备自动化＋生产精益化＋管理信息化＋人工高效化"的构建理念,将数控加工设备、工业机器人、检测设备、数据信息采集管控设备等典型加工制造设备集成为智能制造单元"硬件"系统,结合数字化设计技术、智能化控制技术、高效加工技术、工业物联网技术、RFID 数字信息技术等"软件"的综合运用。

本项目所用智能产线系统结构如图 6-1 所示,包含数控加工设备(加工中心)、行走工业机器人、机器人第 7 轴、机器人电柜、数字化立体料仓、智能产线总控系统及采集优化系统、云数控系统和安全防护系统等。

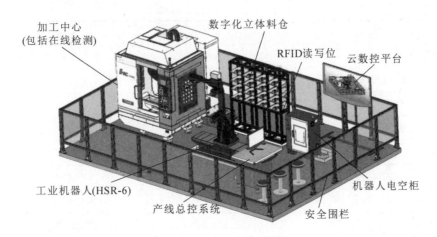

图 6-1　智能产线系统布局图

二、智能产线系统主要设备介绍

1.数控加工设备

本项目智能产线系统数控加工设备采用 V6 加工中心一台,如图 6-2 所示,整机功能齐全,加工效率高,稳定性好,强度高,各项精度稳定可靠。

图 6-2　V6 加工中心

1) 加工中心功能介绍

加工中心安全门需将手动门改装为自动门,由数控系统控制安全门的自动开闭。加工中心内部配置自动吹扫管,在一个工件加工完毕后可以对加工的工件、机床治具(工装夹具)进行吹扫,避免加工产生的金属屑黏附在工件、机床治具上,影响装夹精度。

2) 加工中心配置

数控系统:HNC-818 系列,支持 NCUC 总线协议。

伺服电动机及驱动系统:支持 NCUC 总线协议。

主轴伺服电动机及驱动：支持 NCUC 总线协议。

3）加工中心技术参数

加工中心技术参数如表 6-1 所示。

表 6-1　加工中心技术参数

项目	单位	规格
工作台尺寸	mm	700×420
T 形槽	mm	3-18×125
最大负荷	kg	300
三轴行程（$X/Y/Z$）	mm	2600/400/300
主轴鼻端至台面	mm	200～500
主轴中心至立柱	mm	400
主轴锥孔		BT-30/ϕ110
主轴转速	r/min	10000(可选 15000,20000)
三轴切削进给速度	mm/min	1～10000
三轴快速移动(X/Y/Z)	m/min	48/48/48
定位精度	mm	±0.004/300
重复定位精度	mm	±0.003
主轴驱动电动机	kw	3.7/7.5
$X/Y/Z$ 轴驱动电动机	kw	1.5/1.5/3.0
刀库		16(夹臂式)
占地面积(长×宽×高)	mm	1900×2650×2250
整机重量(约)	T	3.5

4）在线检测装置

在线检测装置的运用有利于提高生产效率，控制产品质量，降低生产成本，提高企业竞争力。主要用于加工结束后对工件尺寸的自动检测和加工超差报警。

本项目智能产线系统加工中心在线监测装置如图 6-3 所示。

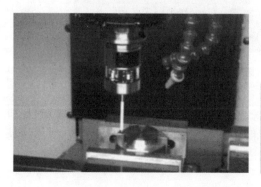

图 6-3　在线检测装置

高精度测头安装在机床内部,可自动建立工件坐标系,自动进行测头标定,自动检测并设置工件在机床坐标系中的工艺基准,对刀具磨损实现自动补偿,提高加工精度。在线监测装置配置如表6-2所示。

表6-2　在线监测装置配置

序号	项目	参数	备注
1	规格	OPS−20M	
2	测针触发方向	$\pm X,\pm Y,+Z$	
3	测针任意单向触发重复(2σ)精度	$\leqslant 1\ \mu m$	
4	测针各向触发保护行程	$XY\pm 15°,Z+5\ mm$	
5	测针各向触发力(出厂设置)	XY平面 $38\sim 40$ g,$0\sim 80$ g(min~max) Z向 600 ± 30g	
6	触发力调整范围	$100\%\sim 200\%$	
7	红外编码信号通信传输范围	$\leqslant 7$ m	
8	红外信号传输范围	径向360°,轴向50°~110°	
9	接收器输入电压	$24\pm 10\%$V,DC	
10	测头开启方式	旋转启动,转速>300 r/min	
11	测头关闭方式	延时(0.5/1/3/5/10/20 min)	
12	防护等级	IP68	

5)气动三指卡盘

加工中心气动卡盘如图6-4所示,可辅助加工中心完成工件的夹持和加工。

图6-4　气动卡盘

气动卡盘的规格参数如表6-3所示。

表6-3　气动卡盘的规格参数

序号	项目	参数	备注
1	规格	KL250TQ-3	
2	工作原理	压缩空气	

序号	项目	参数	备注
3	爪行程	5.7 mm	
4	气源压力	0.5～0.7 MPa	
5	最大静态夹紧力	67 kN	
6	最大静态撑紧力	50 kN	
7	夹紧范围	20～250 mm	
8	撑紧范围	30～260 mm	

图 6-5　12 kg 负载 6 关节工业机器人

2.工业机器人

　　为了能适应狭小、多点位、高灵活性的工作要求,需要配置高性能 6 关节(轴)机器人,以适应不同场合的复杂工况要求。本项目中根据工件加工流程、加工机床及设备布局,选择 12 kg 负载 6 关节工业机器人,如图 6-5 所示。

　　1) 工业机器人参数

　　6 关节工业机器人技术参数如表 6-4 所示,6 关节工业机器人活动范围如图 6-6 所示。

表 6-4　6 关节工业机器人技术参数

产品型号		HSR-6
自由度		6
最大负载		12 kg
最大工作半径		1555 mm
重复定位精度		±0.06 mm
运动范围	J_1 轴	±165°
	J_2 轴	+165°/−80°
	J_3 轴	+135°/−80°
	J_4 轴	±180°
	J_5 轴	±115°
	J_6 轴	±360°
额定速度	J_1 轴	140°/s
	J_2 轴	148°/s
	J_3 轴	140°/s
	J_4 轴	360°/s
	J_5 轴	225°/s
	J_6 轴	360°/s

续表

产品型号		HSR-6
容许惯性矩	J_6轴	$0.17\ \text{kg} \cdot \text{m}^2$
	J_5轴	$1.2\ \text{kg} \cdot \text{m}^2$
	J_4轴	$1.2\ \text{kg} \cdot \text{m}^2$
容许扭矩	J_6轴	$15\ \text{N} \cdot \text{m}$
	J_5轴	$35\ \text{N} \cdot \text{m}$
	J_4轴	$35\ \text{N} \cdot \text{m}$
适用环境	温度	$0 \sim 45\ ℃$
	相对湿度	$20\% \sim 80\%$
	其他	避免与易燃易爆或腐蚀性气体、液体接触,远离电子噪声源(等离子)
防护等级		IP54
安装方式		地面安装
本体质量		196 kg

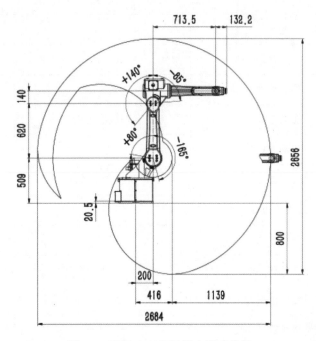

图 6-6　HSR-6 工业机器人活动范围

2) 机器人附加轴

为了提高机器人利用率,增加机器人运行范围,在机器人原有 6 个轴基础上增加 1 个可移动的附加轴(导轨,即机器人第 7 轴),使机器人能够适应多工位、多机台、大跨度的复杂性的工作场所,如图 6-7 所示。

工业机器人第 7 轴技术参数如表 6-5 所示。

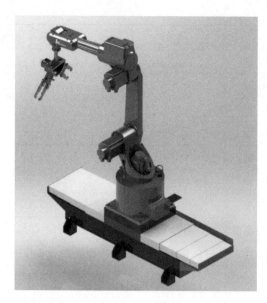

图 6-7 机器人第 7 轴

表 6-5 工业机器人第 7 轴(导轨)技术参数

序号	项目	参数	备注
1	宽度	650 mm	
2	工作面高度	328 mm	
3	有效长度	0.8 m	
4	驱动方式	伺服电动机	
5	传动方式	滚珠丝杠	
6	控制方式	机器人示教器	
7	最大线速度	0.4 m/s	
9	润滑方式	润滑泵	
10	负载	500 kg	
11	重复定位精度	±0.1 mm	
12	安装后导轨平面度	±0.3 mm	

3.数字化立体料仓

　　智能产线中物料存储一般采用数字化立体料仓。立体料仓每个仓位均安装有传感器，能够感应仓位是否有物料存在。每个仓位均放置料盘，用于存放工件，其中配置 RFID 芯片,RFID 读写头安装在仓位中某一仓位,同时与总控相互交互信号,从而控制机器人取或放工件至相应的仓位。数字化立体料仓如图 6-8 所示。

　　数字化立体料仓技术参数如表 6-6 所示。

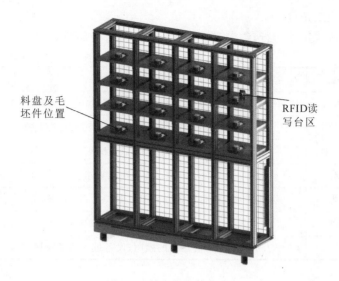

料盘及毛
坯件位置

RFID读
写台区

图 6-8　数字化立体料仓

表 6-6　数字化立体料仓技术参数

序号	项目		参数	备注
1	结构形式		4 层 4 列共 16 个仓位	
2	传感器		E3Z-LS61 2M	
5	尺寸		1450 mm×325 mm×1730 mm	
7	RFID 芯片	型号	SG-HT-243M	
8		无线协议	ISO-15693	
9		工作频率	13.56 MHz	
10		读写范围	0～45 mm	与天线、读写器有关
11		存储器类型	EPPROM	
12		存储器容量	112 字节	
13		工作模式	可读可写	
14		数据保存时间	大于 10 年	
15		可重复读写次数	大于 10 万次	
16		抗金属性	抗金属	
17		外形尺寸	40 mm×22 mm×5 mm	
18		重量	4 g	
19		外壳材料	PBT 塑料	
20		颜色	黑色	
21		工作温度	−25～75 ℃	
22		存储温度	−40～85 ℃	
23		防水防尘等级	IP67	

4.智能产线施工条件

为保证智能产线正常运行,需满足表6-7所示安装运行环境。

表6-7　智能产线安装运行环境

序号	名称	系统工作要求	备注
1	工作环境	温度-5 ℃~45 ℃,相对湿度10%~100%	
2	压缩空气	0.4~0.7MPa,留出气管接口(带气压控制阀)	
3	供电条件	380 V/220 V±15%,50 Hz,三相五线制	
4	供水	满足工业用水要求	
5	地基	场地须被允许打地脚以固定机器人及其他设备,允许走线槽	
6	占地面积	长×宽:7 m×6.5 m	
7	其他	工作人员作业时需有足够的照明;设备进入场地及摆位须配合作业	

考核评价

任务一评价表

基本素养(30分)			
序号	评价内容	自评	互评	师评
1	纪律(无迟到、早退、旷课)(10分)			
2	安全规范操作(10分)			
3	参与度、团队协作能力、沟通交流能力(10分)			
理论知识(70分)			
序号	评价内容	自评	互评	师评
1	智能产线主要设备组成(20分)			
2	智能产线主要设备功能型号(20分)			
3	智能产线各设备之间的关系(30分)			
综合评价				

任务二　机器人与智能产线设备通信

任务描述

智能产线系统中工业机器人作为执行端,机器人与产线总控系统及数控机床之间的通信较为复杂,在完成智能产线机器人编程调试之前,需要对它们之间的通信关系有比较深刻的理解和掌握。

本智能产线系统中,机器人与其他设备的通信采用的是数字量输入输出的方式进行通信,即 I/O 通信。

任务实施

一、机器人与总控 PLC 之间的 I/O 通信

机器人与总控 PLC(产线总控系统)之间使用数字量 I/O 进行通信,机器人的输出对应总控 PLC 的输入,总控 PLC 的输出对应机器人的输入。

总控 PLC 与机器人之间通信的信号如表 6-8、表 6-9 所示。

表 6-8　智能产线总控 PLC 输出对应机器人输入通信

序号	总控 PLC 输出信号	机器人输入信号	地址定义	对应机器人编程指令
1	Y1.0	X2.0	料仓取 1#LP	D_IN[17]
2	Y1.1	X2.1	料仓取 2#LP	D_IN[18]
3	Y1.2	X2.2	料仓取 3#LP	D_IN[19]
4	Y1.3	X2.3	放合格品 1#LP	D_IN[20]
5	Y1.4	X2.4	放合格品 2#LP	D_IN[21]
6	Y1.5	X2.5	放合格品 3#LP	D_IN[22]
7	Y1.6	X2.6	放不合格品 1#LP	D_IN[23]
8	Y1.7	X2.7	放不合格品 2#LP	D_IN[24]
9	GND	GND	公共端	
10	Y2.0	X3.0	放不合格品 3#LP	D_IN[25]
11	Y2.1	X3.1	RFID 台取生料命令	D_IN[26]
12	Y2.2	X3.2	RFID 台熟料完成	D_IN[27]
13				
14	Y2.4	X3.4	备用	D_IN[29]

表 6-9　智能产线总控 PLC 输入对应机器人输出通信

序号	总控 PLC 输入信号	机器人输出信号	地址定义	对应机器人编程指令
1	X3.0	Y2.0	料仓取 1#LP 完成	D_OUT[17]
2	X3.1	Y2.1	料仓取 2#LP 完成	D_OUT[18]
3	X3.2	Y2.2	料仓取 3#LP 完成	D_OUT[19]
4	X3.3	Y2.3	放合格品 1#LP 完成	D_OUT[20]
5	X3.4	Y2.4	放合格品 2#LP 完成	D_OUT[21]
6	X3.5	Y2.5	放合格品 3#LP 完成	D_OUT[22]
7	X3.6	Y2.6	放不合格品 1#LP 完成	D_OUT[23]
8	X3.7	Y2.7	放不合格品 2#LP 完成	D_OUT[24]
9	GND	GND	公共端	
10	X4.0	Y3.0	放不合格品 3#LP 完成	D_OUT[25]

序号	总控 PLC 输入信号	机器人输出信号	地址定义	对应机器人编程指令
11	X4.1	Y3.1	RFID 盘放 LP 完成	D_OUT[26]
12	X4.2	Y3.2	RFID 台取生料完成	D_OUT[27]
13	X4.3	Y3.3	RFID 写熟料信息 1	D_OUT[28]
14	X4.5	Y3.5	RFID 台取 LP 完成	D_OUT[30]

二、机器人与数控机床之间的 I/O 通信

机器人与数控机床之间通信的信号如表 6-10、表 6-11 所示。

表 6-10　加工中心 PLC 输出对应机器人输入通信

序号	数控机床 PLC 输出信号	机器人输入信号	地址定义	对应机器人编程指令
1	Y2.0	X1.0	M1 允许取料	D_IN[9]
2	Y2.1	X1.1	M1 允许放料	D_IN[10]
3	Y2.2	X1.2	M1 卡盘松到位	D_IN[11]
4	Y2.3	X1.3	M1 卡盘紧到位	D_IN[12]

表 6-11　加工中心 PLC 输入对应机器人输出通信

序号	数控机床 PLC 输入信号	机器人输出信号	地址定义	对应机器人编程指令
1	X5.0	Y1.0	ROB 取料完成	D_OUT[9]
2	X5.1	Y1.1	请求 M1 卡盘松开	D_OUT[10]
3	X5.2	Y1.2	请求 M1 卡盘夹紧	D_OUT[11]
4	X5.3	Y1.3	ROB 放料完成	D_OUT[12]

三、机器人内部通信

机器人内部通信的信号如表 6-12 所示。

表 6-12　机器人内部通信信号

序号	机器人 PLC 信号	定义	对应机器人编程指令
1	X0.0	R1 夹爪 1 夹紧到位	D_IN[1]
2	X0.1	R1 夹爪 1 松开到位	D_IN[2]
3	X0.2	R1 夹爪 2 夹紧到位	D_IN[3]
4	X0.3	R1 夹爪 2 松开到位	D_IN[4]
10	Y0.1	R1 夹爪 1 夹紧控制	D_OUT[2]
11	Y0.2	R1 夹爪 1 松开控制	D_OUT[3]
12	Y0.3	R1 夹爪 2 夹紧控制	D_OUT[4]
13	Y0.4	R1 夹爪 2 松开控制	D_OUT[5]

考核评价

任务二评价表

基本素养(30分)				
序号	评价内容	自评	互评	师评
1	纪律(无迟到、早退、旷课)(10分)			
2	安全规范操作(10分)			
3	参与度、团队协作能力、沟通交流能力(10分)			
理论知识(70分)				
序号	评价内容	自评	互评	师评
1	总控PLC输出与机器人对应信号逻辑含义(15分)			
2	总控PLC输入与机器人对应信号逻辑含义(15分)			
3	数控机床输出与机器人对应信号逻辑含义(15分)			
4	数控机床输出与机器人对应信号逻辑含义(15分)			
5	机器人末端执行器控制方式及检测方式(10分)			
综合评价				

任务三　智能产线工艺流程

任务描述

要完成智能产线机器人编程,除了需要熟悉机器人与智能产线设备的通信信号外,还需了解智能产线的工艺流程及生产节拍。

本任务将解读本项目的智能产线工艺流程及生产节拍。

任务实施

一、智能产线运行流程图

本项目的智能产线工艺流程如图6-9所示。

二、机器人工作流程节拍要求

加工一个工件时,机器人的工作流程及节拍如下。

1.机器人取生料区料盘

合理使用机器人末端夹爪,从数字化立体料仓将带有生料(未加工料)的料盘搬运到RFID读写位。

(1)据总控系统发出的搬运条件,搬运对应数字化立体料仓的仓位工件。

(2)机器人完成料仓取料盘、RFID台放料盘后,需向总控系统发出完成命令。

(3)机器人取料及放料时,需在垂直方向进行。

(4)合理控制机器人运行速度。

2.机器人放料至加工中心

合理使用机器人末端夹爪,将RFID读写位生料料盘中的生料搬运至加工中心的自动

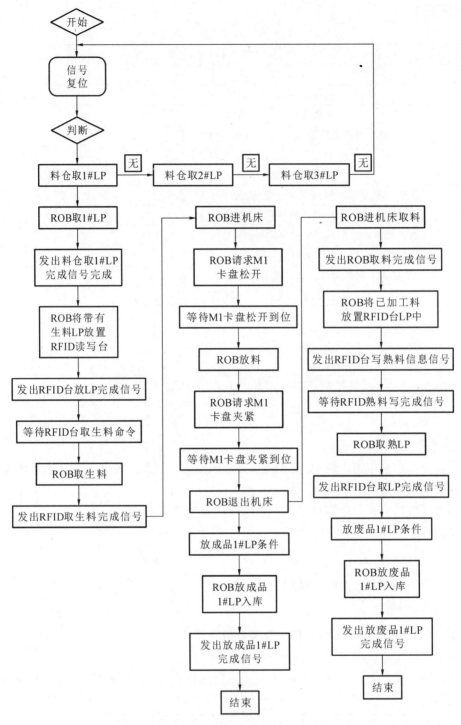

图 6-9　智能产线工艺流程

卡盘处。

（1）机器人取生料前需等待 RFID 台取生料命令，机器人完成 RFID 取生料完成后，需向总控系统发出完成命令。

（2）机器人带料进入加工中心前，需等待加工中心发出允许放料信号方可进入。

（3）机器人应发出加工中心自动卡盘的松命令，且需检测加工中心发送的卡盘松到位信号。

（4）机器人放料完成后，需给加工中心发出完成命令。

（5）机器人放料时，需在垂直方向进行。

（6）合理控制机器人运行速度。

3.机器人取熟料

合理使用机器人末端夹爪，将熟料（已加工料）从加工中心的自动卡盘处，搬运至 RFID 读写位的空置料盘中。

（1）机器人进入加工中心前，需等待加工中心发出允许取料信号方可进入。

（2）机器人应发出加工中心自动卡盘的松命令，且需检测加工中心发送的卡盘松到位信号。

（3）器人取料完成后，需向加工中心发出完成命令。

（4）机器人将已加工料放置料盘中后，需给总控系统发出 RFID 写熟料信息。

（5）机器人取料时，需在垂直方向进行。

（6）合理控制机器人运行速度。

4.入库

合理使用机器人末端夹爪，将带有熟料的料盘搬运至数字化立体料仓对应的位置。

（1）产线总控系统根据在线检测判断结果，发出合格品或不合格品命令，机器人对熟料及料盘分类入库。

（2）机器人需等待 RFID 台熟料写完成信号后，才能取料盘。

（3）机器人在 RFID 台取料盘完成放合格品或不合格品后，需向产线总控系统发出完成命令。

（4）机器人取料及放料时，需在垂直方向进行。

（5）合理控制机器人运行速度。

5.结束本次搬运循环

根据机器人工作流程及节拍要求，完成机器人程序编制与调试，实现试加工件、成品加工件和个性化加工件三个工件的完整加工工艺流程。

考核评价

任务三评价表

基本素养（30分）				
序号	评价内容	自评	互评	师评
1	纪律（无迟到、早退、旷课）（10分）			
2	安全规范操作（10分）			
3	参与度、团队协作能力、沟通交流能力（10分）			
理论知识（70分）				
序号	评价内容	自评	互评	师评
1	机器人取生料区料盘动作条件及节拍（15分）			
2	机器人放料至加工中心条件及节拍（20分）			
3	机器人取熟料条件及节拍（20分）			
4	机器人熟入库条件及节拍（15分）			
综合评价				

任务四　机器人程序编写

任务描述

根据任务三中智能产线流程图及机器人运行节拍,编写机器人程序,以满足智能制造加工需求。

任务实施

根据任务三中智能产线流程图及机器人运行节拍,本任务以机器人自动完成一个工件的上下料为例,编写智能产线机器人程序。

表 6-13 所示为机器人自动完成一个工件上下料的程序。

表 6-13　程序

程序结构	程序	程序注释
主程序	IF D_IN[17]=ON THEN	判断取 1 号料仓
	MOVE ROBOT JR[25]	初始位置
	DELAY ROBOT 100	机器人延时
	MOVE EXT_AXES P10	过渡点
	DELAY EXT_AXES 100	附加轴延时
	MOVES ROBOT P11	过渡点
	D_OUT[3]=ON D_OUT[2]=OFF	夹爪 1 松开
	CALL WAIT(D_IN[2],ON)	等待松开到位
	MOVES ROBOT LR[1]+LR[20]	取料点上方 50 mm 处
	MOVES ROBOT LR[1] VTRAN=100	1 工位取料点
	DELAY ROBOT 100	
	D_OUT[2]=ON D_OUT[3]=OFF	夹爪 1 夹紧
	CALL WAIT(D_IN[1],ON)	等待夹爪 1 夹紧到位
	MOVES ROBOT LR[1]+LR[20]	取料点上方 50 mm 处
	MOVES ROBOT P11	过渡点
	MOVE ROBOT JR[25]	回初始位置
	CALL PULSE(17,6000)	取 1 号 LP 完成
	CALL GORFID	调用到 RFID 生料检测
	CALL GOMILL	调用到数控机床
	CALL GORFIDS	调用到 RFID 熟料检测
	IF D_IN[20]=ON THEN	合格品条件
	CALL PUTQ	调用放合格品的子程序
	END IF	结束符
	IF D_IN[23]=ON THEN	废品条件
	CALL PUTUQ	调用放废品的子程序
	END IF	结束符
	END IF	结束符

程序结构	程序	程序注释
到 RFID 生料检测	SUB GORFID	
	MOVE ROBOT JR[25]	初始位置
	DELAY ROBOT 100	附加轴移动
	MOVE EXT_AXES P4	
	DELAY EXT_AXES 100	
	DELAY ROBOT 1000	
	MOVE ROBOT JR[8]	机器人过渡点
	MOVES ROBOT LR[4]+LR[20]	放料点上方 50 mm 处
	MOVES ROBOT LR[4] VTRAN=100	放料点
	DELAY ROBOT 100	
	D_OUT[3]=ON D_OUT[2]=OFF	夹爪 1 松开
	CALL WAIT(D_IN[2],ON)	夹爪 1 松开到位
	MOVES ROBOT LR[4]+LR[20]	放料点上方 50 mm 处
	DELAY ROBOT 100	
	CALL PULSE(26,2000)	RFID 放 LP 完成
	MOVE ROBOT JR[8]	机器人过渡点
	MOVE ROBOT JR[10]	换爪
	DELAY ROBOT 1000	
	D_OUT[5]=ON D_OUT[4]=OFF	
	CALL WAIT(D_IN[4],ON)	等待夹爪 2 松开到位
	CALL WAIT(D_IN[26],ON)	等待 RFID 取生料命令
	MOVE ROBOT LR[5]+LR[50]	取料点上方 50 mm 处
	MOVE ROBOT LR[5] VCRUISE=100	取料点
	DELAY ROBOT 1000	
	D_OUT[5]=OFF D_OUT[4]=ON	
	CALL WAIT(D_IN[4],ON)	等待夹爪 2 夹紧到位
	MOVES ROBOT LR[5]+LR[50]	取料点上方 50 mm 处
	MOVE ROBOT JR[11]	料仓外等待点
	MOVE ROBOT JR[25]	回初始位置
	DELAY ROBOT 100	
	CALL PULSE(27,6000)	发出 RFID 台取生料完成
	END SUB	

程序结构	程序	程序注释
	SUB GOMILL	
	MOVE EXT_AXES P55	
	CALL WAIT(D_IN[10],ON)	等待允许机器人放料信号
	D_OUT[10]=ON	请求机床卡盘松开
	D_OUT[11]=OFF	
	CALL WAIT(D_IN[11],ON)	等待卡盘松开到位
	MOVE ROBOT P18	
	MOVES ROBOT P17	
	MOVE ROBOT P16	进机床过渡点
	MOVES ROBOT P15	
	MOVES ROBOT P14	
	MOVES ROBOT LR[6]+LR[20]	取放料点上方 50 mm 处
	MOVES ROBOT LR[6] VTRAN=100	放料点
	DELAY ROBOT 1000	
	D_OUT[4]=OFF	夹爪 2 松开
	D_OUT[5]=ON	
	WAIT(D_IN[11],ON)	等待夹爪 2 松开到位
	MOVES ROBOT LR[6]+LR[20]	取放料点上方 50 mm 处
	MOVES ROBOT P14	过渡点
	MOVES ROBOT P15	
	D_OUT[10]=OFF	请求机床卡盘夹紧
	D_OUT[11]=ON	
	CALL WAIT(D_IN[12],ON)	等待卡盘松开到位
	MOVES ROBOT P16	
机器人带料进机床	MOVE ROBOT P17	过渡点
	MOVES ROBOT P18	
	DELAY ROBOT 1000	
	CALL PULSE(12,6000)	机床放料完成
	CALL WAIT(D_IN[9],ON)	机床允许取料
	MOVES ROBOT P18	
	MOVES ROBOT P17	
	MOVE ROBOT P16	过渡点
	MOVES ROBOT P15	
	MOVES ROBOT P14	
	MOVES ROBOT LR[6]+LR[20]	取放料点上方 50 mm 处
	MOVES ROBOT LR[6] VTRAN=100	机器人取料点
	DELAY ROBOT 1000	
	D_OUT[4]=ON	夹爪 2 夹紧
	D_OUT[5]=OFF	
	WAIT(D_IN[11],ON)	等待夹爪 2 夹紧到位
	D_OUT[10]=ON	请求机床卡盘松开
	D_OUT[11]=OFF	
	CALL WAIT(D_IN[11],ON)	等待卡盘松开到位
	DELAY ROBOT 1000	
	MOVES ROBOT LR[6]+LR[20]	取料点上方 50 mm 处
	MOVES ROBOT P14	
	MOVES ROBOT P15	
	MOVE ROBOT P16	过渡点
	MOVES ROBOT P17	
	MOVES ROBOT P18	
	DELAY ROBOT 2000	
	CALL PULSE(9,2000)	ROB取料完成
	END SUB	

程序结构	程序	程序注释
到 RFID 熟料检测	SUB GORFIDS	
	MOVE EXT_AXES P4	附加轴移动
	DELAY EXT_AXES 1000	
	MOVE ROBOT JR[11]	料仓外等待点
	MOVES ROBOT LR[5]+LR[50]	取放料点上方 50 mm 处
	MOVE ROBOT LR[5] VCRUISE=100	放料点
	DELAY ROBOT 1000	
	D_OUT[5]=ON	夹爪 2 松开
	D_OUT[4]=OFF	
	WAIT(D_IN[11],ON)	等待夹爪 2 松开到位
	DELAY ROBOT 1000	
	MOVES ROBOT LR[5]+LR[50]	取放料点上方 50 mm 处
	MOVE ROBOT JR[11]	料仓外等待点
	CALL PULSE(28,2000)	RFID 写熟料信息
	MOVE ROBOT JR[10]	换爪
	CALL WAIT(D_IN[27],ON)	等待 RFID 写熟料完成命令
	MOVE ROBOT JR[9]	机器人过渡点
	MOVES ROBOT LR[4]+LR[20]	放料点上方 50 mm 处
	MOVES ROBOT LR[4] VTRAN=100	取料上方点
	DELAY ROBOT 1000	
	D_OUT[2]=ON	夹爪 1 夹紧
	D_OUT[3]=OFF	
	CALL WAIT(D_IN[1],ON)	等待夹爪 1 夹紧到位
	MOVES ROBOT LR[4]+LR[20]	放料点上方 50 mm 处
	DELAY ROBOT 100	
	CALL PULSE(30,6000)	RFID 台取 LP 完成
	MOVE ROBOT JR[9]	机器人过渡点
	MOVE ROBOT JR[8]	机器人过渡点
	END SUB	
放成品 1 工位	SUB PUTQ	
	MOVE ROBOT JR[25]	初始位置
	DELAY ROBOT 100	
	MOVE EXT_AXES P10	附加轴移动
	DELAY EXT_AXES 100	
	MOVE ROBOT JR[15]	机器人过渡点
	MOVES ROBOT LR[7]+LR[20]	放料点上方 50 mm 处
	MOVES ROBOT LR[7] VTRAN=100	放料点
	DELAY ROBOT 100	
	D_OUT[2]=OFF	夹爪 1 松开
	D_OUT[3]=ON	
	CALL WAIT(D_IN[2],ON)	等待夹爪 1 松开到位
	DELAY ROBOT 1000	
	MOVES ROBOT LR[7]+LR[20]	放料点上方 50 mm 处
	DELAY ROBOT 100	
	CALL PULSE(20,6000)	发出放成品 1 完成
	MOVE ROBOT JR[15]	机器人过渡点
	MOVE ROBOT JR[25]	回初始位置
	END SUB	

程序结构	程序	程序注释
放废品1工位	SUB PUTUQ	
	MOVE ROBOT JR[25]	初始位置
	DELAY ROBOT 100	
	MOVE EXT_AXES P10	附加轴移动
	DELAY EXT_AXES 100	
	MOVE ROBOT JR[20]	机器人过渡点
	MOVES ROBOT LR[9]+LR[20]	放料点上方50 mm处
	MOVES ROBOT LR[9] VTRAN=100	放料
	DELAY ROBOT 100	
	D_OUT[2]=OFF	夹爪1松开
	D_OUT[3]=ON	
	CALL WAIT(D_IN[2],ON)	等待夹爪1松开到位
	MOVES ROBOT LR[9]+LR[20]	放料点上方50 mm处
	DELAY ROBOT 100	
	CALL PULSE(23,6000)	放废品1工位完成
	MOVE ROBOT JR[20]	机器人过渡点
	MOVE ROBOT JR[25]	回初始位置
	END SUB	子程序结束

考核评价

任务四评价表

基本素养(30分)			
序号	评价内容	自评	互评	师评
1	纪律(无迟到、早退、旷课)(10分)			
2	安全规范操作(10分)			
3	参与度、团队协作能力、沟通交流能力(10分)			
理论知识(20分)				
序号	评价内容	自评	互评	师评
1	编程指令格式要求(20分)			
2	生产节拍要求(20分)			
实操技能(50)				
序号	评价内容	自评	互评	师评
1	完成工件出库→加工→入库的编程调试			
综合评价				

项目七　InteRobot机器人离线编程软件的应用

项目描述

InteRobot 机器人离线编程软件(以下简称 InteRobot)基于自主开发的三维平台,实现了软件的控制层、算法层与视图层的分离,满足离线编程软件的开放式、模块化、可扩展的要求,可以完成机器人加工的路径规划、动画仿真、干涉检查、机器人姿态优化、轨迹优化、后置代码。

InteRobot 提供了工具模式和工件模式,机器人库可扩展任意型号的机器人,加工场景自由导入,强大的曲面曲线离散功能实现加工轨迹的自由定制,可根据用户的特殊需求进行开发和改进,实现特殊用途。可广泛应用于打磨、雕刻、激光焊接、数控加工等领域。

项目目标

● 能够完成打磨、喷涂、雕刻等领域的机器人离线编程及轨迹优化。

知识目标

● 掌握机器人离线工作站的创建方法。
● 掌握机器人离线轨迹的生成及优化方法。

能力目标

● 能正确导入机器人、工具、工件等模型。
● 能正确创建机器人离线工作站。
● 能正确生成机器人离线轨迹并导入机器人实际生产运行。

任务一　InteRobot 安装方法

任务描述

正确安装 InteRobot。

任务实施

一、硬件配置

根据 InteRobot 应用环境的需求来选择合适的硬件配置,如 CPU 的指标、内存及磁盘的容量等,下面给出安装该软件所需的基本硬件配置。

● CPU:Intel Atom 以上处理器。
● 内存:64 M 以上。
● 显存:256 M 以上(独立显卡更优)。

- 硬盘:64 M 以上。
- 软件环境:建议操作系统是 Windows XP 或以上系统。

二、InteRobot 安装方法

InteRobot 一键式安装非常方便,操作步骤如下。

步骤 1 双击 InteRobot Setup. exe(安装文件),进入 InteRobot 安装向导界面,如图 7-1所示,直接点击"下一步"。

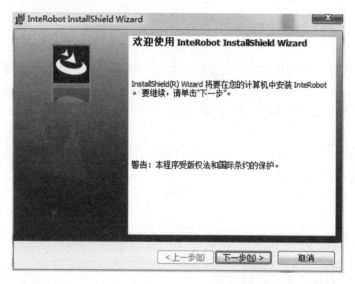

图 7-1 InteRobot"安装向导"的界面

步骤 2 进入图 7-2 所示的安装目录设置界面,用户可以选择安装位置(注意,安装目录必须是英文目录),设置好安装目录后,直接点击"下一步"开始安装。

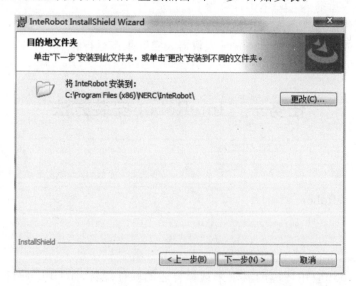

图 7-2 InteRobot 安装目录设置的界面

步骤 3 安装过程如图 7-3 所示。由于计算机配置不同,安装过程等待的时间也会不同,但是通常几分钟就可安装完成。

步骤 4 安装完成后,即显示"安装完成"界面,点击"关闭"即可完成安装过程。

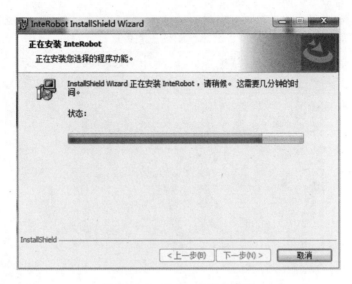

图 7-3　InteRobot 的安装界面

步骤 5　安装完成后,桌面有 InteRobot 的快捷方式图标,"开始"菜单中有 InteRobot 的启动项,如图 7-4 所示。

图 7-4　InteRobot 的快捷方式和启动项

三、软件启动

双击 InteRobot 的快捷方式图标或单击 InteRobot 的启动项,即可启动 InteRobot。

如果启动过程中弹出图 7-5 提示"没有发现加密狗,请确认或与管理员联系!"的提示,此时需要插入购买 InteRobot 时自带的"加密狗",插入计算机的 USB 口后即可顺利启动 InteRobot。

图 7-5　未插入加密狗情况下的提示

运行 InteRobot 后进入初始界面,此时的软件是空白界面,需要点击"新建"按钮之后才能对 InteRobot 进行操作。

新建文件后系统默认进入机器人模块。出现 InteRobot 的快捷菜单栏和左边的导航树,以及右边的机器人属性栏和机器人控制器栏,如图 7-6 所示。

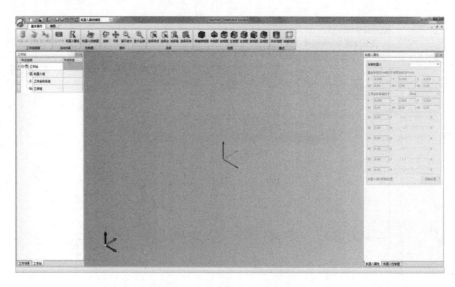

图 7-6 InteRobot 编程的界面

考核评价

任务一评价表

基本素养(30 分)				
序号	评价内容	自评	互评	师评
1	纪律(无迟到、早退、旷课)(10 分)			
2	安全规范操作(10 分)			
3	参与度、团队协作能力、沟通交流能力(10 分)			
理论知识(50 分)				
序号	评价内容	自评	互评	师评
1	InteRobot 安装方法(25 分)			
2	InteRobot 启动及工作站新建方法(25 分)			
实操技能(20 分)				
	评价内容	自评	互评	师评
	正确安装 InteRobot(20 分)			
	综合评价			

任务二 InteRobot 各功能模块介绍及使用方法

任务描述

InteRobot 界面由主界面、二级界面和三级界面组成,二级界面和三级界面都是以弹出窗体的形式出现。

通过本任务的实施,熟悉 InteRobot 各功能模块的功能及设置方法。

任务实施

一、InteRobot 主界面

InteRobot 主界面由五部分组成,包括位于界面最上端的工具栏、位于工具栏下方的菜单栏、位于界面左边的导航树、位于界面最右边的机器人属性栏和机器人控制器栏、位于界面中部的视图窗口,如图 7-7 所示。

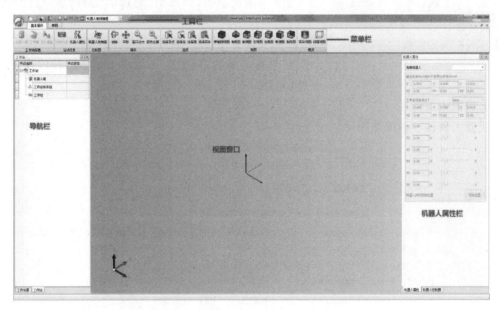

图 7-7　InteRobot 的主界面

1. 工具栏

工具栏如图 7-8 所示,从左到右依次是新建、打开、视图、皮肤切换、保存、另存为、撤销、重做、模块图标、模块切换下拉框、工具栏快速设置下拉菜单。

图 7-8　工具栏

2. 菜单栏

在 InteRobot 菜单栏中,有基本操作菜单栏和草图菜单栏。

基本操作菜单栏如图 7-9 所示,从左到右分为七个部分:工作站搭建、运动仿真、控制器、操作、选择、视图、模式。

前三个部分是 InteRobot 的主要菜单,点击相应的菜单可以调出以下对应的二级界面。

● 工作站搭建部分的功能依次是机器人库、工具库、导入模型。

● 运动仿真部分包括运动仿真和机器人属性。

● 控制器部分是机器人控制器菜单。

后四个部分是视图操作的相关菜单。从左到右分为:操作、选择、视图、模式。菜单功能如下。

图 7-9　基本操作菜单栏

● 旋转、平移、窗口放大、显示全部。

图 7-10　草图菜单栏

● 选择顶点、选择边、选择面、选择实体。

● 等轴测视图、仰视图、俯视图、左视图、右视图、前视图、后视图。

● 实体视图、线框视图。

草图菜单栏如图 7-10 所示，从左到右依次是点、线、矩形、圆、坐标系、立方体。

3.机器人属性栏

机器人属性栏界面如图 7-11 所示。

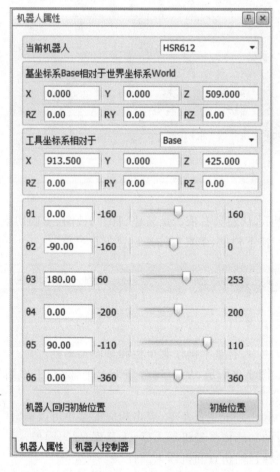

图 7-11　"机器人属性"栏界面

机器人属性栏的主要作用是对机器人进行仿真控制，控制机器人的姿态，让机器人按照用户的预期运动，或者是运动到用户指定的位置上。机器人属性栏包括五部分：机器人选择部分,基坐标系相对于世界坐标系,机器人工具坐标系虚轴控制部分,机器人实轴控制部分,机器人回归初始位置控制部分。

二、机器人界面

1. 机器人库主界面

InteRobot 提供机器人库的相关操作,包括各种型号机器人的新建、编辑、存储、导入、预览、删除等功能,实现对机器人库的管理,方便用户随时调用所需的机器人。机器人库的主界面如图 7-12 所示,它提供了机器人基本参数的显示、编辑、新建、删除和机器人预览和导入等功能。

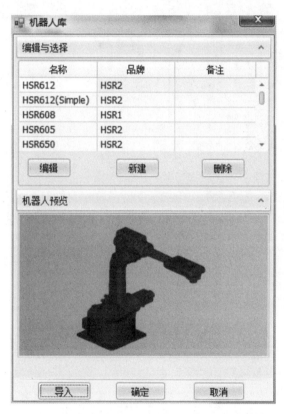

图 7-12 "机器人库"的主界面

2. 编辑界面

在"机器人库"主界面上点击"编辑"按钮,InteRobot 进入选中机器人参数的界面,在此能够修改机器人库中的机器人参数,如图 7-13 所示。

机器人参数包括五个部分,机器人名、机器人总体预览、机器人基本数据、定位坐标系、关节数据。机器人基本数据中包括机器人的类型、轴数、图形文件的位置。

定位坐标系收缩条点开之后,显示机器人坐标系的定位设置参数,如图 7-14 所示,用户根据实际加工情况设置机器人坐标系的位置。

关节数据收缩条点开后显示有三个子收缩条,包括模型信息、尺寸信息、运动参数。模型信息中显示了各个关节对应的模型数据,用户可以选择对应的模型文件,如图 7-15 所示。

尺寸参数中显示有机器人各个关节的长度,用户可以根据实际情况进行相应修改,如图 7-16 所示。

图 7-13 "机器人参数"的界面

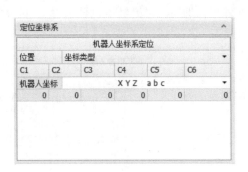

图 7-14 "定位坐标系"的界面

图 7-15 "关节数据"中的模型信息

图 7-16 "关节数据"中的尺寸参数

　　运动参数显示了各个轴的运动方式、运动方向、最小限位、最大限位和初始位置等信息，用户可以根据实际情况进行相应修改，如图 7-17 所示。

关节	运动方式	运动方向	最小…	最大…	初始…
Base	静止	Z+	0	0	0
Joint1	旋转	Z+	-160	160	0
Joint2	旋转	Y+	-160	0	-90
Joint3	旋转	Y+	60	253	180
Joint4	旋转	X+	-200	200	0
Joint5	旋转	Y+	-110	110	90
Joint6	旋转	Z-	-360	360	0

图 7-17 "关节数据"中的运动参数

3.新建界面

在机器人库主界面上点击"新建"按钮,弹出新建机器人的界面,如图 7-18 所示。

新建与编辑的界面功能基本一致,唯一不同的是弹出界面中的参数都是没有经过设置的空白参数或是默认参数,需要用户根据需要新建的机器人基本信息,将参数设置完整。

4.属性界面

导入机器人后,在机器人组节点下生成了对应的机器人节点。在节点上点击右键,点击"属性",弹出机器人属性界面,如图 7-19 所示。机器人属性界面与编辑界面基本一致,不同的是机器人属性界面只能修改节点上的机器人参数,不能修改机器人库的对应机器人参数。

图 7-18　新建机器人界面

图 7-19　"机器人属性"的界面

三、工具库界面

1.工具库主界面

InteRobot 提供工具库的相关操作,包括各种型号工具的新建、编辑、存储、导入、预览、删除等功能,实现对工具库的管理,方便用户随时调用所需的工具。

工具库操作的主界面如图 7-20 所示,提供工具基本参数的显示、编辑、新建、删除、预览和导入等功能。

2.编辑界面

在工具库操作主界面上点击"编辑"按钮,进入选中"工具属性"中的编辑界面,如图 7-21 所示。

工具属性包括五个部分:工具名、工具预览、TCP 位置、TCP 姿态、工具定义。

图 7-20 "工具库操作"的主界面

图 7-21 "工具属性"中的编辑界面

TCP 位置显示了工具坐标系的原点在机器人基坐标系下的 X、Y、Z 坐标值,TCP 姿态显示了工具坐标系的欧拉角 A、B、C,如图 7-22 所示。

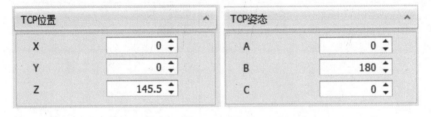

图 7-22 "TCP 位置"和"TCP 姿态"对话框

工具定义部分可以选择工件模型,选择工具的预览图片。

3. 新建界面

在工具库主界面上点击"新建"按钮,弹出新建工具的界面,如图 7-23 所示。

新建界面与编辑界面的功能完全相同,唯一不同的是弹出界面的参数部分都是空白或默认参数,需要用户根据需要新建的工具基本信息,将参数设置完整。

4. 属性界面

导入工具后,在机器人节点下生成了所选的工具节点。在节点上点击右键,点击"属性",弹出"工具属性"界面,如图 7-24 所示,工具属性界面与编辑界面基本一致,不同的是工具属性界面只能修改节点上的工具参数,不能修改工具库的对应工具参数。

  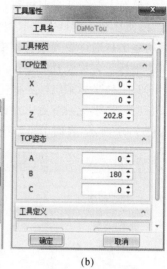

图 7-23　新建工具的界面　　　　　　　图 7-24　"工具属性"的界面

四、导入模型界面

导入模型界面提供了将模型导入 InteRobot 的接口，导入的模型可以是工件、机床及其他加工场景中用到的模型文件。

导入模型界面如图 7-25 所示，界面提供了模型名称命名功能，设置模型位置坐标功能，设置模型颜色功能，以及选择模型文件的功能。

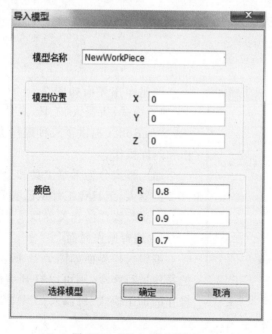

图 7-25　"导入模型"界面

五、工作坐标系界面

1. 添加工作坐标系界面

添加工作坐标系的界面如图 7-26 所示。

界面主要包括当前机器人选择、坐标系的位置和姿态设置。用户可以通过点击"选取原点"按钮在视图窗口中选取相应的点,也可以通过编辑框直接设置坐标系原点的位置。坐标系的姿态是通过设置编辑框中的参数实现的,默认情况是与基坐标的方向一致。界面也提供了坐标系名称设置的接口。

2.工件坐标系属性界面

在工作坐标系节点上点击右键选择属性菜单(见图 7-26),弹出"工件坐标系属性"界面,如图 7-27 所示,界面中可修改坐标系的位置、姿态和名称。

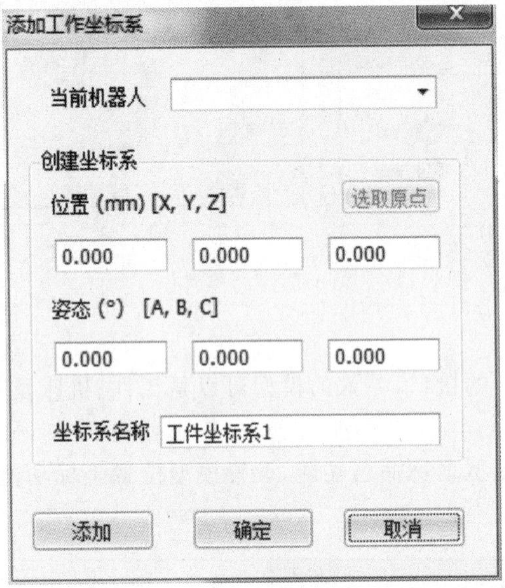

图 7-26 "添加工作坐标系"界面

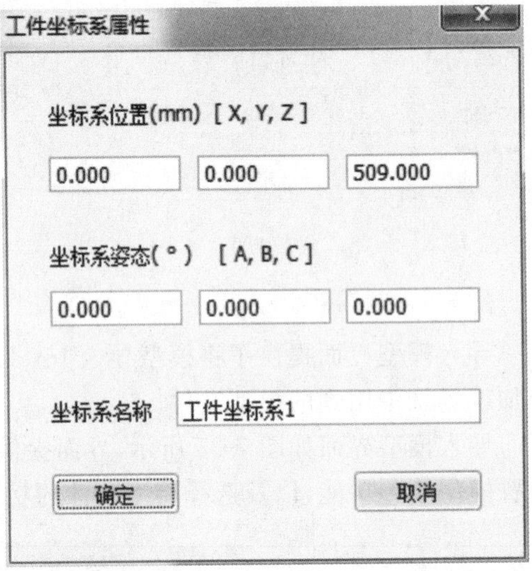

图 7-27 "工件坐标系属性"界面

六、创建操作界面

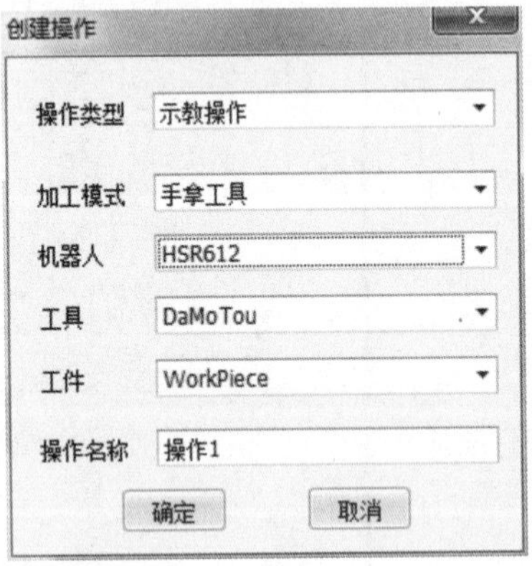

图 7-28 "创建操作"界面

创建操作界面如图 7-28 所示,界面中可对操作类型、加工模式、机器人、工具、工件和操作名称进行设置。

InteRobot 提供了三种操作类型:示教操作、离线操作和码垛操作。

加工模式分为手拿工具和手拿工件两种。

机器人、工具和工件从已有的节点中选择。

1.示教操作的相关界面

1)编辑操作界面

编辑操作界面如图 7-29 所示。若要对已经创建好的操作进行修改,则可以打开编辑操作界面,重新设置操作的加工模式、机器人、工具、工件及操作名称。

2)编辑点界面

编辑点界面分为两种情况:分别是示教操作的编辑点界面和离线操作的编辑点界面。两个界面的主要用途相同,但是根据操作属性的不同有所区别。

图 7-30 所示为示教操作下的编辑点界面。示教编辑点界面包括编号、添加和删除、批量调节等功能。

图 7-29 "编辑操作"界面　　　　图 7-30 示教操作下的"编辑点"界面

"添加和删除"菜单下有添加点、删除点、删除所有、IO 属性设置、机器人随动等功能。

"批量调节"中可以设置起止点的编号,并批量设置编号内所有点的运行方式、CNT、延时和速度。

3)运动仿真界面

运动仿真界面主要是对选择的路径用于仿真验证时的设置,如图 7-31 所示。

界面主要分为五部分:仿真路径选择、坐标系切换、仿真路径所包含的点参数列表、IPC 控制器连接、仿真控制。

在仿真路径选择中用户可以选取需要仿真的路径,列表中出现与选取仿真路径相对应的参数信息,包括"X""Y""Z""RX""RY""RZ"。点击列表中所在的行,机器人可以直接运动到相应的位置上。

坐标系切换部分中有两个功能。基于坐标系功能表示点位信息在世界坐标系上不变,切换点在不同坐标系中的表示方法。切换工作坐标系功能表示保持点在坐标系中的相对位置不变,变化点在世界坐标系中的位姿。

IPC 控制器连接部分:勾选"IPC 控制器插补",将控制器与计算机连接好后,点击"加载程序到 IPC"按钮,可将仿真中的点位信息的程序上传到控制器,此时点击"仿真"按钮,则加工现场机器人根据程序运动。

仿真控制包括仿真速度控制进度条,中间控制按钮包括复位、暂停、快退、播放、快进,下方是仿真进度控制条。

4）代码输出界面

代码输出界面如图 7-32 所示。

界面的上部分为路径列表，显示的是当前所有操作的详细信息，用户可以选择输出所需操作的代码。

控制代码类型：用户可以选择实轴或虚轴。

工件坐标系：用户可以设置输出代码信息基于的工作坐标系，不选择的时候表示基于机器人基坐标。

输出代码路径：用户可以选择代码保存的路径并命名。

点击"输出控制代码"按钮即可实现机器人控制代码的输出。

同时提供了阅读控制代码的功能，用户可以直接打开生成的代码，对代码进行浏览。

图 7-31 "运动仿真"界面   图 7-32 "代码输出"界面

2. 离线操作相关界面

1）编辑操作界面

离线操作的编辑操作界面如图 7-33 所示，界面中包括操作名称、工具、工件、磨削点的设置，以及路径编辑、加工策略及后置处理等功能。

在手拿工件模式下可以设置磨削点参数。点击"磨削点"后的"设置"按钮，弹出磨削点定义界面，如图 7-34 所示。磨削点的定义包括位置和姿态两部分。

图 7-33　离线操作的"编辑操作"界面

图 7-34　"磨削点定义"界面

点击"进退刀点"后的"设置"按钮，弹出如图 7-35 所示的进退刀设置界面。在离线操作模式下，可以对选中的操作进行进退刀的设置，内容包括偏移量、进刀点或退刀点的设置。

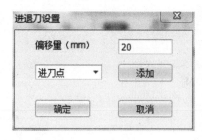

图 7-35　"进退刀设置"界面

2）路径添加界面

打开路径添加界面，如图 7-36 所示。界面包括三部分：路径名称、路径编程方式和路径的可见/隐藏。其中路径编程方式有三种：自动路径、手动路径、刀位文件。

图 7-36　"路径添加"界面

（1）自动路径添加界面　自动路径界面由四部分组成，包括驱动元素、离散参数设置、加工方向设置、自动路径列表，如图 7-37 所示。

驱动元素设置提供了两种自动路径的生成方式：通过面和通过线。

离散参数设置提供弦高误差和最大步长的设置。如果是通过面方式，需要进行路径条数和路径类型设置。

加工方向设置包括曲面外侧选择和方向选择。

自动路径列表显示了每条自动路径的对象号、离线状态、材料侧和方向信息，还提供了列表的基本操作，即新建、删除、上移、下移、全选等。

在自动路径界面中，若选择了通过线的方式添加路径，就会弹出选取线元素界面，该界面提供了三种选择线的方式，分别是直接选取、平面截取、等参数线。

图 7-38 所示为选中直接选取方式时的界面。界面分为元素产生方式的选取、参考面的选取、线元素的选取及选中元素的列表。参考面表示线所在的平面，线元素就是选择想要生成路径的线。

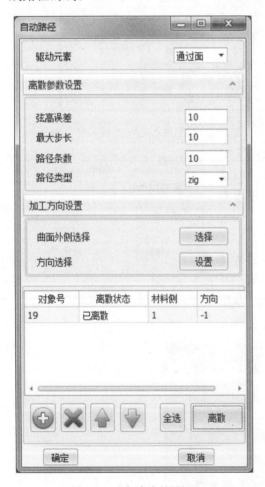

图 7-37 "自动路径"界面

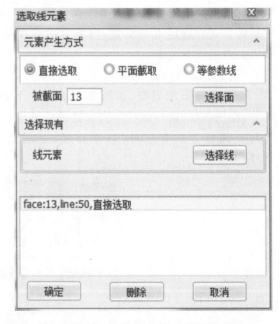

图 7-38 "选取线元素"之直接选取界面

图 7-39 所示为选择平面截取方式时的界面。界面分为元素产生方式的选取、参考面的选取、截面经过点的选取、截面法向的选取及选中元素的列表。参考面指的是被截取的平面。在截平面的参数选取后，还可以通过设置下拉框的数值进行调整。

图 7-40 所示为选择等参数线方式时的界面。界面分为元素产生方式的选取、参考面的选取、等参数线的选取参数及选中元素的列表。参考面指的是被截取的平面。等参数线的参考方向用户可以选择"U"向或"V"向,参数值范围为 0～1,可以根据实际需要设置。

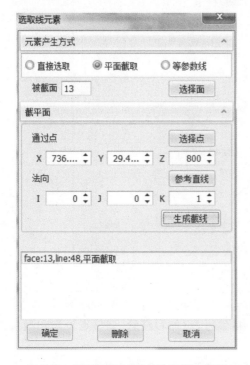

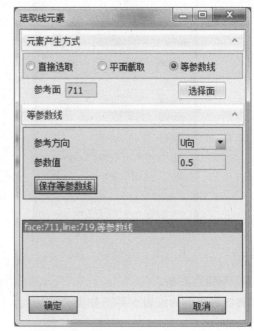

图 7-39 "选取线元素"之平面截取界面　　　图 7-40 "选取线元素"之等参数线界面

(2) 手动路径添加界面　手动路径界面支持用户手动选择点添加到加工路径中,如图 7-41 所示。界面主要包括四部分:点列表、点击生成、参数生成、调整姿态。

点列表中显示了已经添加点的详细信息,包括"X""Y""Z"坐标等信息,并有列表的基本操作,如添加、删除、上移、下移等。

点击生成中提供了点击生成点的三种方式:点、线、面。点表示光标直接选取视图中的点添加到路径中;线表示光标在线上选取一点添加到路径中;面表示光标在面上选取一点添加到路径中。

参数生成提供了两种参数生成方式,分别是线和面。线指的是通过设置线的 U 参数,在选取的线的对应参数处生成点并添加到加工路径中。面指的是通过设置面的 U、V 参数,在选取的面的对应参数处生成点并添加到加工路径中。

调整姿态提供了法向与切向的几种调整方式。法向可以调整至与选择面的法向一致,或者与选择直线的方向一致,也可以直接选择反向。切向中可以任意调整切向的角度,也可以选择反向。

(3) 导入刀位文件界面　导入刀位文件界面提供了将外部刀位文件导入 InteRobot 的接口。用户只需选中要导入的刀位文件,就可以将刀位文件的数据导入进来,并且提供了预览功能,用户可以检查导入的刀位文件是否正确。图 7-42 所示为导入刀位文件界面,界面中提供了选择刀位文件、工作坐标系设置、副法矢设置及预览等功能。

图 7-41 "手动路径"的界面　　　　图 7-42 "导入刀位文件"的界面

3）编辑点界面

离线操作下的编辑点界面如图 7-43 所示,包括编号、添加和删除、调整点位姿和批量调节等功能。

"添加和删除"菜单下添加点、删除点、删除所有、IO 属性设置、机器人随动等功能。

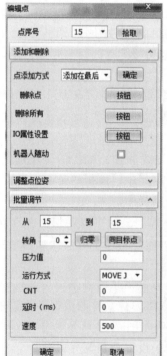

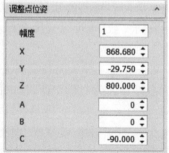

图 7-43 离线"编辑点"的界面

"调整点位姿"菜单下包括调整幅度,点的坐标"X""Y""Z",欧拉角"A""B""C"。

"批量调节"中可以设置起止点的编号,并批量设置编号内所有点的转角、压力值、运行方式、CNT、延时和速度。

点击"IO 属性设置"后的按钮可以打开 IO 属性界面,界面中有 IO 属性的编辑框和属性设置在点之前还是点之后的设置勾选框,如图 7-44 所示。

图 7-44　"IO 属性设置"的界面

考核评价

任务二评价表

基本素养(30 分)				
序号	评价内容	自评	互评	师评
1	纪律(无迟到、早退、旷课)(10 分)			
2	安全规范操作(10 分)			
3	参与度、团队协作能力、沟通交流能力(10 分)			
理论知识(50 分)				
序号	评价内容	自评	互评	师评
1	InteRobot 界面分布(10 分)			
2	机器人库功能的新建及编辑方法(10 分)			
3	工具库功能的新建及编辑方法(10 分)			
4	模型库功能的新建及编辑方法(10 分)			
5	路径添加方法(10 分)			
综合评价				

任务三　InteRobot 离线工作站搭建方法

任务描述

根据机器人实际应用场合,正确选择机器人、工具及工件,完成机器人离线工作站的搭建。

任务实施

一、导入机器人

启动 InteRobot,选择机器人离线编程模块,进入模块后,左边出现导航树,选择工作站导航树。

工作站导航树上默认有工作站根节点及其三个子节点,子节点分别是机器人组、工作坐标系组、工序组。

点击机器人组节点,选中该节点,"机器人库"菜单就会变为可用状态。然后点击菜单栏中的"机器人库"按钮,如图 7-45 所示。点击"机器人库"按钮后会弹出机器人库主界面。

弹出机器人库主界面后,界面上的列表显示了所有在库的机器人参数,用户选择需要的机器人,在机器人预览窗口会显示相对应的机器人图片,点击最下端的"导入"按钮,即可实现机器人的导入功能,如图 7-46 所示。

图 7-45 "机器人库"主界面 　　　图 7-46 "机器人库"导入操作

导入完成后,视图窗口出现选中的机器人模型,工作站导航树中在机器人组节点下创建了机器人的节点,与选中的机器人名称一致,这样机器人的所有参数信息就导入到当前工程文件中,如图 7-47 所示。

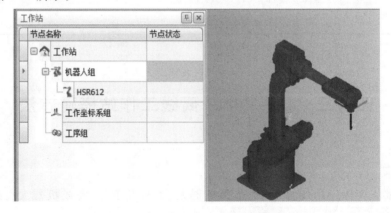

图 7-47 机器人导入完成后界面

二、导入工具

工具的导入与机器人的导入相类似,不同的是,工具导入前必须已经导入过机器人,因工具是依附于机器人而存在的。

在工作站导航树中,点击已经导入的机器人节点,选中该节点,菜单栏的工具库菜单变为可用状态,然后点击菜单栏中的"工具库"按钮,如图 7-48 所示。点击"工具库"按钮后会弹出"工具库"主界面。

图 7-48　"工具库"的主界面

　　弹出的工具库主界面上的列表显示了所有在库的工具参数,用户选择实际需要的工具,在工具预览窗口会显示相对应的机器人的图片,点击最下端的"导入"按钮,即可实现工具的导入功能,如图 7-49 所示。

　　工具导入完成后,视图窗口出现用户选中的工具的模型,在用户对工具参数设置正确的情况下,该工具会自动装到对应机器人第六轴的末端。

　　工作站导航树中在机器人节点下创建了工具的节点,与用户选中的工具名称一致,这样工具的所有参数信息就导入到了当前工程文件中,如图 7-50 所示。

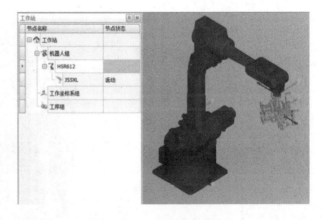

图 7-49　工具导入操作界面　　　　　　图 7-50　工具导入完成界面

三、导入模型

　　InteRobot 提供将工件模型、机床模型或其他三维模型导入到工程文件中的功能。支持的三维模型格式为".stp"".stl"".step"".igs"等四种标准格式,暂不支持其他格式的三维模型的导入。

当需要导入三维模型文件时,将导航栏切换至工作场景导航树,选中工件组节点,此时菜单栏中的导入模型菜单变为可用状态,点击"导入模型"菜单,直接弹出"导入模型"界面,如图 7-51 所示。或者用户也可以在工件组节点上单击右键来选择导入模型。

图 7-51 "导入模型"的界面

图 7-51 显示了没有导入工件前,工作场景导航树中只有一个工作场景根节点,在该节点下有工件组一个子节点。

在导入模型界面设置导入模型的位置、名称及颜色,点击"选择模型"按钮,在文件对话框中选择要导入的模型文件,点击"确定"按钮,就实现了模型的导入。导入后,视图中出现选中的模型文件的三维模型,并且在工作场景导航树中,在工件组节点下创建了以该工件为名字的子节点,如图 7-52 所示。

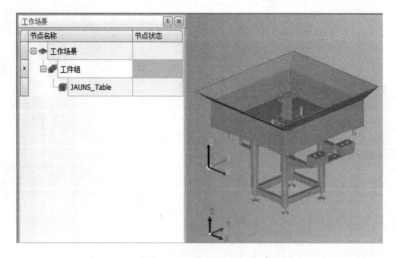

图 7-52 导入模型后

InteRobot 支持多个模型的导入功能,重复之前的导入操作,可以继续导入其他模型到工程文件中,如图 7-53 所示,导入了两个模型文件,视图中显示两个模型,在工作场景导航树中的工件组节点下有两个模型的子节点。多个模型的导入依此类推。

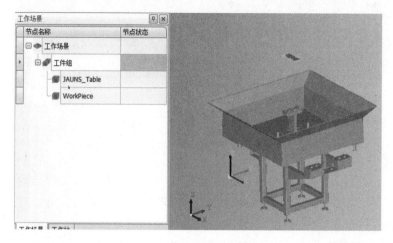

图 7-53　多个模型的导入

四、模型标定

直接导入的模型可能不在正确的位置上,此时需要用到标定的功能,将模型移动到正确的位置上,以便进行后续操作。在需要标定位置的模型节点上点击右键,在弹出的快捷菜单中选择"工件标定"(见图 7-54),弹出工件"标定"界面,如图 7-55 所示。

图 7-55 所示为"标定"界面和标定文件。

图 7-54　标定功能的调出

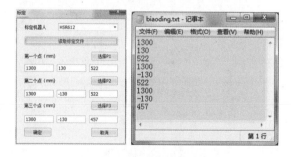

图 7-55　"标定"界面和标定文件

标定功能的操作流程:选取标定机器人,标定是相对于机器人基坐标而言,不同的机器人基坐标的位置可能不同;点击"读取标定文件"按钮,弹出文件选择框,选取标定文件。目前 InteRobot 采用的是 3 点标定法,标定文件是由 9 个数字组成,每 3 个数表示一个点的坐标,总共是 3 个点的坐标值。标定文件实际就是用户想要选中的 3 点在基坐标中的实际位置。

读取标定文件成功后,在标定界面的 9 个编辑框中会显示相应的数值。用户也可以选择不读取标定文件,直接在编辑框中输入 3 点在基坐标中的实际位置。

标定后的位置设置好后,可以选择 3 个点,分别点击"选择 P1""选择 P2""选择 P3"按钮,在视图中选中标定的 3 点,选择过程中要注意与设置的标定数据一一对应。点击"确定"按钮即可完成模型的标定,模型便移动到了指定的位置。图 7-56 所示为标定前后视图中的显示状态。

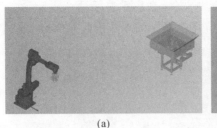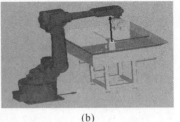

(a)　　　　　　　　　　(b)

图 7-56　标定前后

(a)标定前　(b)标定后

五、添加工作坐标系

InteRobot 支持用户在工程文件中添加坐标系,添加的坐标系在后续的操作中可以使用。如图 7-57 所示,在工作站导航树中,用点击左键选中工作坐标系组后再点击右键出现"添加工作坐标系"按钮,点击该按钮,弹出添加工作坐标系界面。

图 7-58 所示为添加工作坐标系界面,默认的坐标系原点是(0,0,0)。坐标姿态与基坐标一致。先选择当前机器人,可以点击左上角的"选择原点"按钮,然后从视图中用光标选中某一点作为坐标系的原点,也可以修改编辑框中对应的"X""Y""Z"数值来改变坐标系的位置。坐标系姿态可以通过"A""B""C"三个编辑框中的参数进行设置。

图 7-57　调出添加工作坐标系的界面　　　图 7-58　"添加工作坐标系"的界面

点击"确定"按钮后,添加坐标系成功。视图窗口中会出现坐标,并且在工作站导航树的工作坐标系组节点下会产生以该坐标系命名的子节点,如图 7-59 所示。

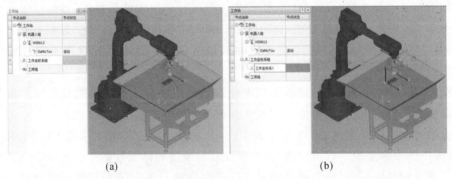

(a)　　　　　　　　　　(b)

图 7-59　添加工作坐标系前后

(a)添加前　(b)添加后

考核评价

任务三评价表

基本素养（30分）				
序号	评价内容	自评	互评	师评
1	纪律（无迟到、早退、旷课）(10分)			
2	安全规范操作(10分)			
3	参与度、团队协作能力、沟通交流能力(10分)			
实操技能（70分）				
序号	评价内容	自评	互评	师评
1	InteRobot 离线工作站机器人导入方法(20分)			
2	InteRobot 离线工作站工具导入方法(20分)			
3	InteRobot 离线工作站工件模型导入方法(20分)			
4	InteRobot 工作坐标创建(10分)			
综合评价				

任务四　InteRobot 离线写字应用

任务描述

使用示教操作的模式，完成机器人离线编程写字应用。

任务实施

一、示教路径创建

1. 创建示教操作

InteRobot 提供了示教功能的路径规划，以及相应的运动仿真、机器人代码的输出功能。在 InteRobot 中，所有有关示教的功能都是建立在示教操作的基础之上的，所以进行示教路径规划和运动仿真前，必须创建示教操作。在进行示教路径规划和仿真前，用户需先导入机器人、工具、工件或工作台等。

做好示教准备后，在工作站导航树上的工序组节点上右键，点击"创建操作"菜单，弹出创建操作界面。创建示教操作前视图与工作站导航树的显示情况如图 7-60 所示。

弹出"创建操作"界面，此时选择示教操作，加工模式根据实际需要进行选择，可以选"手拿工具"方式。机器人、工具、工件是提前导入到工程中的，用户选择好对应的名称，对操作进行命名，点击"确定"按钮就完成了示教操作的创建。创建操作简单，但是创建前的准备工作非常重要，参照前面的介绍。创建示教操作的界面如图 7-61 所示。

创建示教操作完成后，在工作站导航树上的工序组节点下会产生一个示教操作的节点，名称跟操作名称一致，这样，该操作的信息就加载到了工程文件中。创建示教操作后的工作

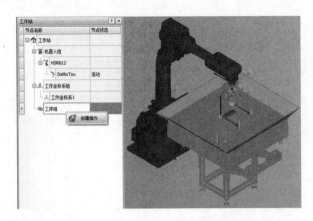

图 7-60　创建示教操作准备工作

站导航树如图 7-62 所示。

图 7-61　"创建操作"之示教操作界面　　　　图 7-62　创建示教操作后的工作站导航树

　　创建好的操作信息如果出现错误,用户还可以随时修改。在对应的操作节点点击右键,弹出快捷菜单,选中"编辑操作"菜单,弹出当前操作的信息。图 7-63 所示为示教操作的右键菜单选项。

　　编辑操作界面的内容跟创建操作雷同,只是不能改变操作的本质属性,创建的示教操作不能修改为离线操作,其他参数包括加工模式、机器人、工具、工件、操作名称都可以重新设置,如图 7-64 所示。

图 7-63　示教操作的右键菜单　　　　图 7-64　"编辑操作"界面

2. 添加示教路径

添加示教操作后,可以在示教操作上添加路径点,形成示教加工路径。在示教操作上点击右键,在快捷菜单中选择"编辑点"菜单,如图 7-65 所示。

在没有添加点的情况下,点编号为 0,表示路径中没有点,如图 7-66 所示。

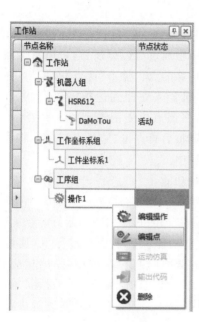

图 7-65 编辑点菜单

图 7-66 路径中没有点的"编辑点"界面

通过调整右边的机器人属性栏中机器人的当前位置参数来调整机器人的位姿,将机器人位姿调整到合适位姿后,如果想添加该点为加工时机器人的路径点,可以点击编辑点窗口中的"记录点"按钮,如图 7-67 所示,通过调整机器人属性栏参数来调整机器人当前位姿。

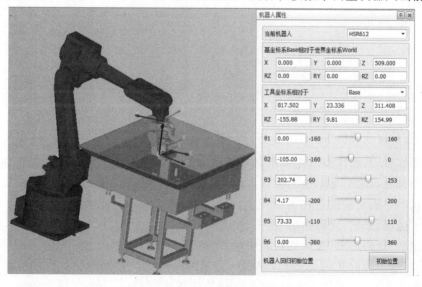

图 7-67 调整机器人位姿

159

图 7-68　添加一个点后的"编辑点"界面

点击"记录点"按钮后,InteRobot 便将机器人当前位置记录到加工路径中,此时编辑点界面上的编号变为"1",表示路径中有一个点。依此类推,将所有的点都添加到加工路径中,编号也会相应增加。关闭"编辑点"界面后,再次打开界面这些点依然存在,并且可以继续添加点。图 7-68 所示为添加一个点后的"编辑点"界面。

在实际加工中,可能需要机器人运动到某些特殊的点,这时通过调节机器人的位姿很难精确达到该点处,在"编辑点"界面中通过"选点"按钮,可以将机器人直接定位至某一个特殊的点。点击"选点"按钮后,在视图窗口中选中该点,机器人立即到达指定位置,可直接点击"记录点"按钮,将该点位姿记录到加工路径中,也可再对该位姿进行调整后再点击"记录点"按钮,将该点位姿记录到加工路径中。

3. 其他相关功能

在"编辑点"界面中,除了选点添加到加工路径中,还有一些与添加路径的其他相关功能。

IO 属性设置功能提供了用户进行 IO 属性设置的接口,用户点击"IO 属性设置"按钮,弹出相应界面,用户在界面中输入需要设置的 IO 信息,选择在"点之前"输出 IO 信号或在"点之后"输出 IO 信号,点击"确定"按钮后,在后续输出的机器人代码中,该 IO 信号就会根据设置进行相应输出,如图 7-69 所示。

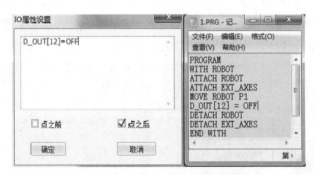

图 7-69　"IO 属性设置"界面和相应的输出代码

二、输出机器人控制代码

离线操作、示教操作和码垛操作都具有输出机器人代码的功能。示教操作和码垛操作在路径点添加完成之后可以输出机器人代码,离线操作则需要在生成路径成功之后才能输出机器人代码。满足前提条件的情况下,选中需要输出机器人代码的操作节点,右键点击"输出代码"选项,弹出"代码输出"界面,如图 7-70 所示。

在弹出的"代码输出"界面的列表中列举了工程中所有操作及详细信息,选中需要输出代码的操作,输出控制代码类型包括实轴、虚轴两种模式。选择输出代码的保存路径及名称,点击"输出控制代码"按钮,即可将代码输出到设置的路径。点击"阅读控制代码"按钮,可直接将已生成的代码文件打开,进行查看,如图 7-71 所示。

图 7-70　输出代码功能的调出　　　　图 7-71　"代码输出"界面

代码的输出还可以根据选定的工件坐标系输出,输出代码的点位信息是基于工件坐标系的,这样的代码可移植性高。勾选"工件坐标系"选项框,在下拉框中选中对应的坐标系,并设置该坐标系在示教器中的编号。

三、实训内容

(1)标定机器人工具坐标系,以机器人所持笔尖作为新的 TCP,方向如图 7-72 所示。

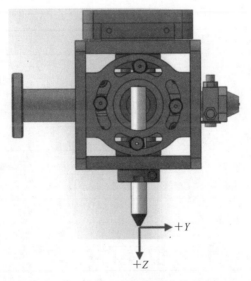

+Y

+Z

图 7-72　新建工具坐标原点及方向

(2)确定工件与机器人空间相对位置。

（3）使用 InteRobot 生成如图 7-73 所示"HNC"轨迹。

图 7-73　写字轨迹

（4）使用 InteRobot，设置机器人、工具及工件参数，并完成表 7-1、表 7-2 所示参数。

表 7-1　工具参数

工具号		
TCP 位置	X	
	Y	
	Z	
TCP 姿态	A	
	B	
	C	

表 7-2　工件参数

机器人型号		
工件 P_1 点	X	
	Y	
	Z	
工件 P_2 点	X	
	Y	
	Z	
工件 P_3 点	X	
	Y	
	Z	

（5）"N"字离线轨迹如图 7-74 所示。

图 7-74　"N"字离线轨迹

（6）根据实际情况填写表 7-3 的内容（可附表）。

表 7-3　工艺要求

驱动元素	弦高误差	最大步长	路径条数	路径类型	压力值	速度

考核评价

任务四评价表

基本素养（30 分）				
序号	评价内容	自评	互评	师评
1	纪律（无迟到、早退、旷课）（10 分）			
2	安全规范操作（10 分）			
3	参与度、团队协作能力、沟通交流能力（10 分）			
实操技能（70 分）				
序号	评价内容	自评	互评	师评
1	InteRobot 离线写字工作站搭建方法（30 分）			
2	InteRobot 离线写字轨迹创建方法（30 分）			
3	机器人代码输出（10 分）			
综合评价				

任务五　InteRobot 离线喷涂应用

任务描述

使用离线操作的模式,完成机器人离线编程喷涂应用。

任务实施

一、创建离线路径

1. 创建离线操作（以喷涂为例）

InteRobot 提供离线功能的路径规划,以及相应的运动仿真、机器人代码的输出功能。在 InteRobot 中,所有有关离线的功能都是建立在离线操作的基础之上的,所以进行离线路径规划和运动仿真前,必须创建离线操作。在进行离线路径规划和仿真前,用户需先导入机器人、工具、工件或工作台等。根据前面的介绍,先将要导入的部分导入到工程文件,并将工件标定到正确的位置上,做好创建离线操作的准备工作。

做好离线准备后,在工作站导航树上的工序组节点上点击右键,点击"创建操作"菜单,弹出创建操作界面。图 7-75 所示为创建离线操作前视图与工作站导航树的显示情况。

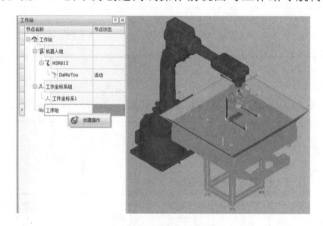

图 7-75　创建离线操作准备工作

创建离线操作的流程跟示教操作是一样的,可以参考示教操作的创建步骤。

创建离线操作完成后,在工作站导航树上的工序组节点下会产生一个离线操作的节点,名称跟操作名称一致。这样,该操作的信息就加载到了工程文件中。图7-76所示为创建离线操作后的工作站导航树。

2. 自动路径添加

自动路径也是给离线操作添加路径的方式之一。

自动路径是指通过选择需要加工的面或者线,将选中的面或线通过一定的方式离散成点,再将点添加到加工路径中的方式,加工的路径点是批量添加到加工路径中的。

图 7-76　创建离线操作后的
工作站导航树

想要在离线操作中实现自动路径添加,则先在左边的导航树上选中离线操作,在该节点上点击右键,选中"路径添加"菜单,即可弹出路径添加界面。图 7-77 所示为自动路径添加的功能的调出过程。

图 7-78 所示为"自动路径"界面。

图 7-77　自动路径添加功能的调出界面　　　　图 7-78　"自动路径"界面

在图 7-78 中,可以选择驱动元素,包括通过线和通过面。

通过线是指用户指定所需线并设置相关参数,根据用户的设置将线离散成点。

通过面是指用户指定所需面并设置相关参数,根据用户的设置将面离散成点。

选择好驱动元素后,点击图 7-77 中的"添加"按钮。

1)通过面

若选择通过面方式,点击"添加"按钮后,列表中出现一条记录,在视图中选择所需面,此时对象号显示为选中面。图 7-79 所示为添加一条通过面的记录。此时,列表中的"离散状态"为未离散,"材料侧"为未选择,"方向"为未选择。

添加路径记录后,在列表中选中该行,点击"曲面外侧选择"按钮,选择加工时工具所在的一侧,在视图中会出现两个方向选择线,用户用光标选中选择合适的材料侧。选择完成后,列表中显示材料侧为数字,表示已经选择过材料侧了,如果选错,只用重新点击"选择"按钮,再选择一次即

图 7-79　"自动路径"通过面
添加一条记录

165

可。图 7-80 所示为选择曲面外侧的过程和选中后列表的状态。

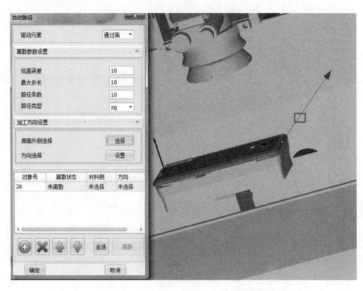

图 7-80　选择曲面外侧及选中后的状态

在列表中选中该行,点击"方向选择"按钮,选择加工时的路径运动方向,在视图中会出现八个方向选择线,用户用光标选中合适的加工方向。选择完成后,列表中方向为数字,表示用户已经选择过方向了,如果用户选错,只用重新点击"设置"按钮,再选择一次即可。图 7-81 所示为选择方向的过程和选中后列表的状态。

图 7-81　选择加工方向及选中后的状态

完成材料侧和方向的选择后,此时只有"离散状态"栏显示未离散。在离散前要进行离散参数的设置,面生成的离散参数包括弦高误差、最大步长、路径条数、路径类型的设置。设置好后,在列表中选中要离散的行,点击右下角的"离散"按钮,此时视图中显示离散后得到的路径点。图 7-82 所示为设置不同离散参数时的离散效果。

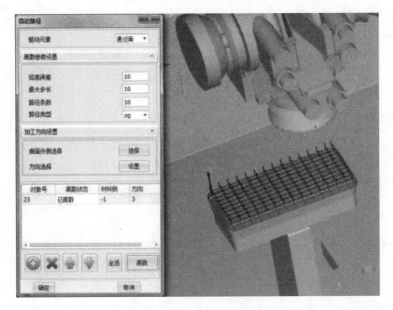

图 7-82　不同离散参数的离散效果

依此类推，可以添加多条通过面生成的加工路径，在列表下方有列表操作按钮，如添加、删除、上移、下移等功能。当所有通过面的路径添加完毕后，可以点击"确定"按钮将所有点添加到加工路径中。在左边工作站导航树种增加了路径的节点信息，如图 7-83 所示。

图 7-83　自动路径添加后增加的路径点

2）通过线

自动路径添加中还有第二种方式，即通过线方式，是指选择所需线，将选中的线进行离散成加工路径点的方式。这里提供了多种选择线的方式。在自动路径界面将驱动元素改为通过线，点击下方的"确定"按钮，弹出选取线元素界面，如图 7-84 所示。

选取线元素界面为用户提供了三种选择线的方式，包括直接选取、平面截取、等参数线。

图 7-84 所示的是直接选取功能，先点击"选择面"按钮，选择线所在的面，再点击"选择线"按钮，选中相应面上的线。选取完成后，在列表中会多一行记录，如图 7-85 所示。依此

类推,可以多次进行直接选取。

当用户选择平面截取方式时,界面又会发生变化,如图 7-86 所示。

选取平面截取方式时,点击"选择面"按钮,在视图中选取被截面。被截面被选中后相应编辑框中出现该面的编号,并且截平面栏变为可用状态。图 7-87 所示为选择被截面后的视图状态。

点击截平面栏中的"选择点"按钮,再在视图中选中某点,可以让截平面通过该点。点击"参考直线"按钮,可以选定截平面的法向。通过这两个功能,可将截平面从默认状态修改至实际所需状态。如图 7-88 所示,图中框出的线段即为截线。

点击"保存截线"按钮,将设置好的截线保存至列表中,列表中出现一行线的记录。

图 7-84 选取线元素界面

图 7-85 直接选取线

图 7-86 平面截取选择线

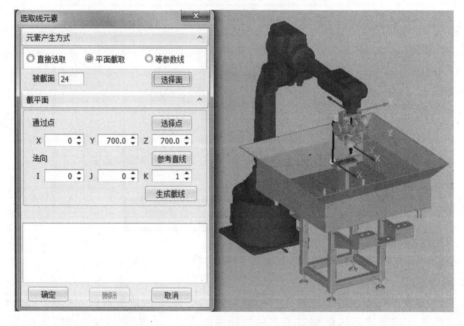

图 7-87 用户选择被截面后的视图状态

选取等参数线方式时,用户界面也要发生相应变化示,如图 7-89 所示。

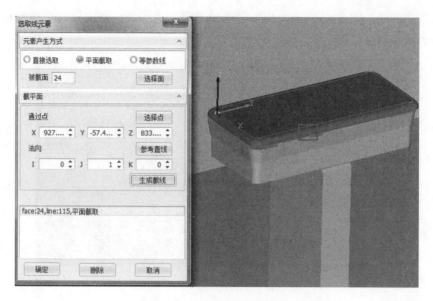

图 7-88　修改截平面后的视图状态

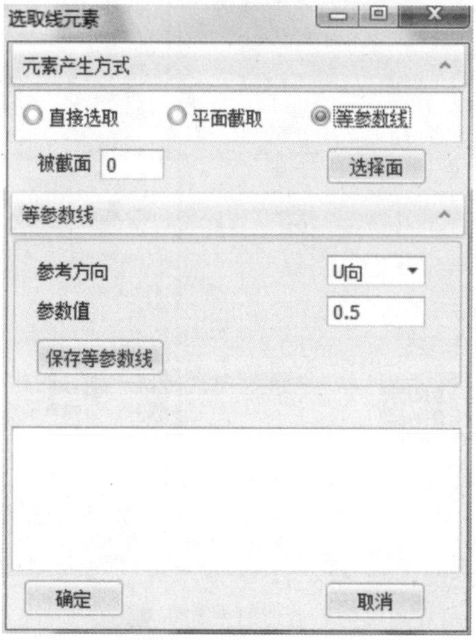

图 7-89　等参数线方式

点击"选择面"按钮,在视图中选择好所需面。

在等参数线栏中,需要设置参考方向和参数值,参考方向包括"U 向"和"V 向",参数值可设置为 0～1 之间的数值。

点击"生成等参数线"按钮,将设置好的参数线保存至列表中,视图中就会出现参数线。当修改等参数线的参数时,可以生成不同位置的等参数线。图 7-90 所示为选择参考方向为"U 向"的等参数线情况。

点击"保存等参数线"按钮,将设置好的参数线保存至列表中,列表中出现一行线的记录。

直接选取、平面截取、等参数线等三个方式用户可以随意切换使用,并且在列表中可以添加不同方式的线。图 7-92 所示为添加了四种不同方式的线。点击"确定"按钮后,在自动路径界面中添加四条路径记录。

图 7-90　选择参考方向为"U 向"的等参数线

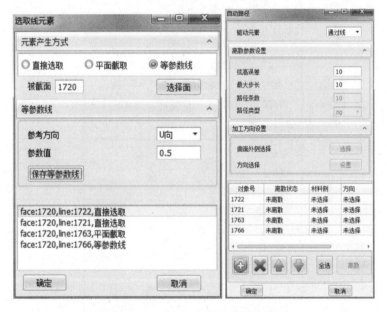

图 7-91　添加四条不同方式的线

　　跟通过面一样,刚添加上的路径记录只有对象号,离线状态、材料侧、方向都未设置。在列表中选中该行,点击"曲面外侧选择"按钮,选择加工时工具所在的一侧。与通过面的操作完全一样,在视图中会出现两个方向选择线,用光标选中选择合适的材料侧。选择完成后,列表中显示材料侧为数字,表示已经选择过材料侧了。

　　在列表中选中该行,点击"方向选择"按钮,选择加工时的路径运动方向,在视图中会出现两个方向选择线,用光标选中选择合适的加工方向。选择完成后,列表中方向为数字,表示已经选择过方向了,如果用户选错,只用重新点击"设置"按钮,再选择一次即可。图 7-92 所示为选择方向的过程和选中后列表的状态。

　　完成材料侧和方向的选择后,此时只有离散状态显示的是未离散。在离散前要进行离散参数的设置,面生成的离散参数包括弦高误差、最大步长两个参数的设置。设置好后,在列表中选中要离散的行,点击右下角的"离散"按钮。此时视图中显示离散后得到的路径点。图 7-93 所示为设置离散效果。

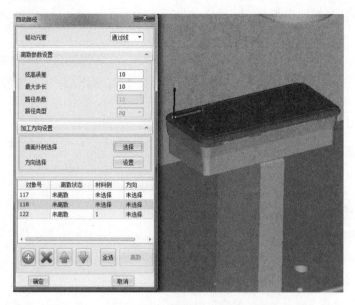

图 7-92　选择加工方向及选中后的状态

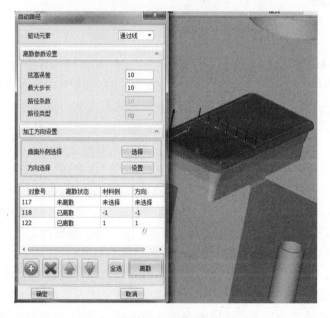

图 7-93　离散效果

　　依此类推,可以添加多条通过面生成的加工路径,在列表下方有列表操作按钮,如添加、删除、上移、下移等。当所有通过线的路径添加完毕后,可以点击"确定"按钮,将所有点添加到加工路径中。在左边工作站导航树种增加了路径的节点信息,与通过面的节点情况是一样的。

　　3.手动路径添加

　　手动路径也是给离线操作添加路径的方式之一。手动路径指的是通过鼠标点击或参数设置的方式选择点,将选中的点添加到加工路径中的方式。添加的点是一个一个陆续添加到加工路径中的。

　　若想要在离线操作中实现手动路径添加,则先在左边的导航树上选中离线操作,在该节点上点击右键,选中"路径添加"菜单,即可弹出路径添加界面,如图 7-94 所示。

　　图 7-95 所示为手动路径界面。

图 7-94　手动路径添加功能的调出　　　图 7-95　"手动路径"界面

　　添加一行记录后,编号为"0""PX""PY""PZ"为空,这是因为还没有选择点,故点的信息还不全,此时可以在"点击生成"或"参数生成"中设置选点方式。点击生成栏中,可以选择的参考元素包括点、线、面。点意味着用光标直接在视图中选中所需的点,线意味着光标处在线上的投影点,面意味着选择光标处在面上的投影点。参数生成方式也包括两种,线和面。线上设置"U"参数,从而确定点的位置,面上设置"U""V"参数,确定点的位置。"点击生成"或"参数生成"选择一个即可。选好参考元素,点击"点击"按钮,在视图中选取所需对象,即可在列表中添加点的详细信息。图 7-96 所示为手动路径添加点前后的差异。

　　依此类推,可以在列表中添加很多点,组成加工路径,在列表的上方,有列表操作按钮,包括添加、删除、上移、下移等,可以对添加的点进行适当修改。

　　手动路径界面中下面有一栏是"调整姿态",可对列表中的点的位姿进行调整,包括法向和切向的调整。法向可以实现"面的法向""沿直线""反向"。点击"面的法向"按钮,可以在视图上选择一个面,使点的法向与选中的面的法向一致。点击"沿直线"按钮,可以在视图中选择一条线,使点的法向与线的方向一致。点击"反向"按钮,则当前的法向取反。切向则提供角度调整框,设置好角度后点击"归零"按钮。切向也可以设置为反向,即选择相反的方向。

　　点添加完毕后,点击"确定"按钮,将所有点添加到加工路径中,并回到路径添加界面,再点击"确定"按钮,即可将路径点都添加到工程文件中。在左边工作站导航树种增加了路径的节点信息,如图 7-97 所示。

图 7-96　手动路径添加点前后的差异　　　　图 7-97　手动路径添加后增加的路径节点

二、实训内容

（1）标定机器人工具坐标系，以机器人所持喷嘴作为新的 TCP，方向如图 7-98 所示。

（2）确定工件与机器人相对位置关系。

（3）使用 InteRobot 完成喷涂任务，要求将工件的正表面均匀喷涂，工件形状如图 7-99 所示。

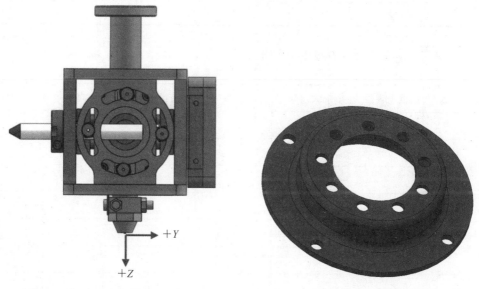

图 7-98　新建工具坐标原点及方向　　　　　　图 7-99　喷涂工件

（4）使用 InteRobot，设置机器人、工具及工件参数，并完成表 7-4、表 7-5 所示工具参数和工件参数。

表 7-4 工具参数

工具号		
TCP 位置	X	
	Y	
	Z	
TCP 姿态	A	
	B	
	C	

表 7-5 工件参数

机器人型号		
工件 P_1 点	X	
	Y	
	Z	
工件 P_2 点	X	
	Y	
	Z	
工件 P_3 点	X	
	Y	
	Z	

（5）根据喷涂工艺要求填写表 7-6 的内容。

表 7-6 工艺要求

驱动元素	弦高误差	最大步长	路径条数	路径类型	压力值	速度

（6）图 7-100 所示为喷涂部份的离线轨迹。

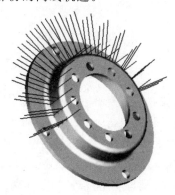

图 7-100　喷涂离线轨迹

考核评价

任务五评价表

基本素养(30 分)					
序号	评价内容		自评	互评	师评
1	纪律(无迟到、早退、旷课)(10 分)				
2	安全规范操作(10 分)				
3	参与度、团队协作能力、沟通交流能力(10 分)				
实操技能(70 分)					
序号	评价内容		自评	互评	师评
1	InteRobot 离线喷涂工作站搭建方法(30 分)				
2	InteRobot 离线喷涂离线轨迹创建方法(30 分)				
3	机器人代码输出(10 分)				
	综合评价				

参 考 文 献

[1]　张培艳. 工业机器人操作与应用实践教程[M]. 上海:上海交通大学出版社,2009.

[2]　叶晖. 工业机器人典型应用案例精析[M]. 北京:机械工业出版社,2013.

[3]　柳洪义,宋伟刚. 机器人技术基础[M]. 北京:冶金工业出版社,2002.

[4]　孙迪生,王炎. 机器人控制技术[M]. 北京:机械工业出版社,1997.

[5]　叶晖,管小清. 工业机器人实操与应用技巧[M]. 北京:机械工业出版社,2010.

[6]　兰虎. 焊接机器人编程及应用[M]. 北京:机械工业出版社,2013.

[7]　佘达太,马香峰. 工业机器人应用工程[M]. 北京:冶金工业出版社,1999.